EXCEL

彙總與參照函數精解

周勝輝／著

前言

我在 Facebook Excel 論壇解決社員所提出的問題中，發現最多的問題是函數應用，其中，如何計算最為大宗，其次是資料整理。試算表最重要的功能是函數應用，它回答這三項議題：

- 計算什麼？

- 如何計算？

- 達到什麼成果？

本書最主要是深入探討計算、查閱與參照函數的運作原理，唯有了解它們的核心才能應用自如。查閱與參照函數計算時，應該參照什麼範圍？哪個工作表或工作簿？而彙總函數可以協助你計算範圍，然後達到你設定的成果。

彙總函數也可自帶參照範圍。例如：SUM(number1,[number2],…)、SUMPRODUCT (array1,[array2],…)、SUMIF(range,criteria,[sum_range])。這三個函數有三種引數 (argument) 參照名稱，number 可以是數值或範圍裡的數值，array 是陣列，range 代表範圍；當然也可跟查閱與參照函數搭配，內嵌函數、組合或複合函數，如 SUM(OFFSET())。在書中也會解釋這些函數的引數規則。

在 EXCEL 函數歸類之中，彙總函數散佈在「統計函數」和「數學與三角函數」之中，而這本書所提的參照函數是「查詢與參照函數」。

通常參照函數可以參照單儲存格、單範圍、多範圍、跨表與跨檔。

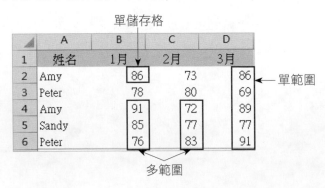

在本工作表參照範圍大都沒什麼問題,但在跨表或跨檔參照時,會有某些狀況產生,我們在最後章節會說明。

最常用的查閱與參照函數是 MATCH、INDEX、INDIRECT、OFFSET、VLOOKUP、LOOKUP。最常用的彙總函數是 SUM、SUMPRODUCT、COUNT、AVERAGE、MAX、MIN、RANK、SMALL、LARGE、COUNTIF、SUMIF、SUBTOTAL、MMULT、FREQUENCY。有些函數很簡單,如 SUM,而本書是定義在進階,所以不會特別介紹雖然常用但簡單的函數。因此,我們將聚焦在以下這 11 個函數:

- COUNTIF
- FREQUENCY
- OFFSET
- SUMIF
- MATCH
- VLOOKUP
- SUBTOTAL
- INDEX
- LOOKUP
- MMULT
- INDIRECT

從條件式參照,一直到跨檔參照與最後的執行速度共 13 個單元,一步一步地引領讀者了解進階函數的奧妙。

我在幫社員解決問題時,發現大部分社員都是想進一步了解進階函數來解決工作上的問題,那些基本、簡單的函數他們其實都懂。簡單的函數在網路與 YouTube 都有介紹,但進階函數的網路資源相對比較貧乏,即使有,在沒有解釋之下,也不了解其意,這也是我設法將多年經驗集結成書的初衷。

要精通進階函數需要對陣列、參照、型態有所涉獵,我在 TibaMe 網站有一堂專門講解如何活用 EXCEL 陣列函數的教學影片,而這本書我會深入探討參照與計算函數,並適度解釋陣列應用。至於改變型態的函數是將資料整理成可以使用的新格式,也就是資料整理或資料清洗,我們也會稍微說明。

一言以蔽之,了解 EXCEL 是了解數據處理並比別人更強的不二法門,一般簡單函數大家都會,所以不會成為你的優勢。當你在用 EXCEL 處理工作時愈來愈感到力有未逮,就表示你的函數應用功力已無法應付工作需求。

而這本書,將是使你脫穎而出、晉升成為 EXCEL 函數應用高手的關鍵。

CONTENTS

目錄

CHAPTER
03
條件式參照　　　　　　　　　　　　　　103

CHAPTER
04
多條件式參照　　　　　　　　　　　　　137

多次計算參照　　　　　　　　　　　　　　　　169

搜尋式參照　　　　　　　　　　　　　　　　　205

多範圍參照　　　　　　　　　　　　　　　　　223

目錄

一般彙總

表格計算是試算表最基本的應用，計算參照範圍或跨表、跨檔計算是本書的重點，Excel 的彙總函數非常多，通常歸類在財務、統計、數學與三角函數、資料庫等，這一章我們把重點放在常用與進階用法的 COUNTIF、SUMIF、SUTOTAL、MMULT、FREQUENCY 等函數。

本章重點

- 1.1 計算本身的個數
- 1.2 計算時以邏輯符號與萬用字元判斷
- 1.3 計算開頭是 A、B、C 的水果個數
- 1.4 客戶是 A 與 D 且費用大於等於 20 有幾個？
- 1.5 計算大於等於 6 與小於等於 3 的數值
- 1.6 計算日期區間內的個人件數
- 1.7 計算資料除了 X2 以外的數值
- 1.8 累積加總，SUBTOTAL 可進行 2D 彙總，而 SUM 只是 1D
- 1.9 篩選時依序號排序，不會跳號
- 1.10 計算學生全部科目的平均
- 1.11 統計各產品分店金額
- 1.12 顯示重複最多與最少的值
- 1.13 判斷上下時間的差距
- 1.14 計算組別間相同數字的數量
- 1.15 統計台北區大於等於 80 的個數

01 計算本身的個數

COUNT 是計算某範圍個數，它只是單純計算，但也延伸許多相關的函數，例如：COUNTA、COUNTBLANK、COUNTIF。COUNTIF 是將 COUNT 與 IF 結合，根據條件來計算個數。

COUNTIFS 的語法如下：

```
COUNTIF(range,criteria)
COUNTIFS(criteria_range1,criteria1,[criteria_range2],[criteria2]…)
```

range 可以用一般範圍表示，如 D3:D8、1-6 的數值。

criteria 是搜尋資料必須制定的準則，如 >3。

因此，下列公式的答案有 3 個：4、5 跟 6。

```
=COUNTIF(D3:D8, ">3")
```

開啟「1.1 計算本身的個數 .xlsx」。

	A	B	C	D	E	F	G
2		項目：	數值_A	數值_B			
3			2	1			
4			4	2			
5			5	3			
6			2	4			
7			5	5			
8			2	6			
9							
10		問題：	計算本身的個數				
11		解答：	自我計算		依照它值		取得唯一值個數
12			3		0		3
13			1		3		
14			2		0		
15			3		1		
16			2		2		
17			3		0		

C3:D8 是兩組資料，我們要計算本身的個數，就是數值 _A 的本身數字有幾個，如 C3 是 2 在 C3:C8 有幾個？一共三個。

```
C12=COUNTIF(C3:C8,C3:C8)
```

前面曾提過在第二引數 criteria 只使用一個值，這個公式卻用一組陣列，所以必須要用陣列公式。如果是舊版，打完公式之後，必須按 CSE（Ctrl-Shift-Enter）組合鍵；如果是 365 版本，它是動態陣列（Dynamic Array），只要按 Enter 即可。以後輸入公式之後，如果沒顯示答案或答案有問題，就按 CSE 公式。

range	criteria		結果
數值 _A	**數值 _A**	→	**自我計算**
2	2		3
4	4		1
5	5		2
2	2		3
5	5		2
2	2		3

首先，判斷 criteria 的 2 在 range 一共有幾個？依照上圖可知答案是 3，4 有一個，5 有兩個，得到 C12:C17 的陣列。

同樣道理，E12=COUNTIF(C3:C8,D3:D8)

range	criteria		結果
數值 _A	**數值 _B**		**依照它值**
2	1	→	0
4	2	→	3
5	3		0
2	4		1
5	5		2
2	6		0

criteria 的 1 在 range 是找不到，所以得到答案是 0，2 有三個，以下類推，參考 E12:E17 的答案。

接下來，我們來看如何取得陣列的唯一值個數。不管是利用進階篩選、樞紐分析表或 365 版的**資料 - 資料工具 - 移除重複項**來計算個數，都能找到答案。既然有這麼多方法，為什麼還要使用函數處理呢？

這牽涉到一個重要觀念，功能操作跟函數應用都可以處理的話，應該選擇哪一個比較好？如果你沒有想要再加工應用，選擇功能操作簡單快速。但是，如果需要再進一步計算，使用函數應該是比較恰當的選擇。不然，你就得將功能操作所得到的答案，存放在儲存格之中，再應用函數計算。

我們來看 G12 取得唯一值個數，公式是：

```
SUM(❸
    1/❷
        COUNTIF(❶
            C3:C8,
            C3:C8
        )
)
```

首先，從裡面分析起。

1. COUNTIF(C3:C8,C3:C8) 會得到 {3;1;2;3;2;3}。

2. 點選 G12，再點選上面的資料編輯列，會出現 SUM(number1,[number2],…)，接著點選 number1，再按 F9 就會出現這個中間公式的答案。
    {0.333333333333;1;0.5;0.333333333333;0.5;0.333333333333}

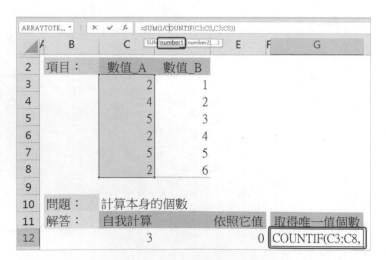

COUNTIF(C3:C8,C3:C8) 的答案是 {3;1;2;3;2;3}(如 C12:C17)，所以可知：

COUNTIF		1/COUNTIF
3	1/3→	0.3333333
1	1/1→	1
2	1/2→	0.5
3	1/3→	0.3333333
2	1/2→	0.5
3	1/3→	0.3333333

如果是 3 的話，被 1 除就成為 0.3333 等份，再將 1/3 加 3 次就成為 1，所以重複值被當成 1。

3. 最後，用 SUM 加總所有數值就是不重複值個數。

當然你也可用進階函數，點選 **資料 → 排序與篩選 → 進階篩選**，H 欄顯示唯一值，數字用 COUNT，文字用 COUNTA 就可以取得唯一值個數。

02 計算時以邏輯符號與 萬用字元判斷

COUNTIF 功能很強大,透過 IF 的邏輯判斷來篩選計算的部分。通常,我們利用邏輯符號或萬用字元來進行分析,假如狀況成立時,就執行。萬用字元比較常用的是「?」跟「*」,「?」是代表一個字元,「*」則是全部。數學邏輯符號是 =、<、>、<>、>=、<=。

開啟「1.2 計算時以邏輯符號與萬用字元判斷 .xlsx」。

	A	B	C	D	E
2		項目:	項目		
3			A		1
4					0
5			OK		2
6			Sandy		5
7				<-有空格	1
8			名		1
9			123		3
10					
11		問題:	計算時以邏輯符號與萬用字元判斷		
12		解答:	3 =COUNTIF(C3:C9,"?")		
13			5 =COUNTIF(C3:C9,"*")		
14			6 =COUNTIF(C3:C9,"<>")		
15			4 =COUNTIF(C3:C9,"> ")		
16			4 =COUNTIF(C3:C9,"><")		
17			1 =COUNTIF(C3:C9,"=")		
18			7 =COUNTIF(C3:C9,"<>0")		
19			1 =COUNTIF(C3:C9,"<0>")		
20			1 =COUNTIF(C3:C9,">0")		

```
C12=COUNTIF(C3:C9,"?")
```

第二引數 criteria 是 ?，表示範圍只有一個字元才是 TRUE，就要計算 C3:C9。
E3=LEN(C3)，是計算儲存格字串的字元個數，只有一個字元是 C3、C7 與 C8，其
中 C7 是有一個空格，所以答案是 3。

空白、空值、空格、空白格、空字串是什麼？

以中文來解釋都很類似，但它們有些不同。選擇 B3:C9，再按 **F5→Alt+S→ 空格 →
確定**。

所以空格是什麼都沒有，而簡體版的 Excel 是點選「空值」，因此依照目前的了解，
空格 = 空值。

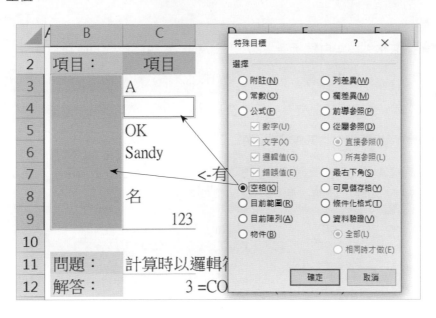

我們來看一下微軟網站（使用 IF 檢查儲存格是否為空白）的解釋，它用 ISBLANK 來
測試是否為空白。這裡的空白是儲存格裡面什麼都沒有，就像上面方法點選「空
格」時，會選擇 B3:B9 與 C4 一樣。因此，可知：

空格 = 空值 = 空白

在 G3 輸入 =IF(ISNUMBER(C3),"")，往下拖曳複製，G9 都沒有顯示，在 H3 輸入
=ISBLANK(G3)，H9 一樣是 FALSE，所以 "" 到底是不是空白呢？

I3=IF(C3=""," 空白 ","非空白 ")，I4 顯示 " 空白 "，所以可知 ISBLANK 是檢測儲存格是否有資料，而不是判斷結果。G9 有公式，答案一樣是 FALSE。

J3 =CHAR(10)，然後複製 J3，選擇 J4，按**滑鼠右鍵 → 貼上選擇 → 值**，然後 K3 =ISBLANK(J3)，K4 顯示 FALSE，表示 K3 裡面有資料，只是我們看不到。這也是我們在轉資料時（如 ERP、網頁轉到 Excel）常遇到的問題，系統不同會產生看不到的符號。

當你查詢微軟的 TRIM 函數說明時，它的解釋是移除文字的所有空格，僅保留單字之間的單個空格。而這裡的空格是按空白鍵（Spacebar，又稱空間棒或空格鍵，位於鍵盤最底下、最長的按鍵），因此，微軟在翻譯時產生了衝突。

如果你查詢網路，可能會看到更多不同的定義，所以為了統一，本書採取下面的定義。

● 空格 = 空白格：按空白鍵所產生的，ISBLANK 是 FALSE，TRIM 可消除。

● 空值 = 空白：什麼都沒有，ISBLANK 是 TRUE。

● ""：空字串，也是什麼都沒有，等於空白。

● Alt+Enter：換行鍵，ISBLANK 是 FALSE，無法用 TRIM 消除。

從其他系統複製到 Excel 有時會夾雜特殊功能字元，而這些字串中，看不出異狀，也無法用 TRIM 消除，此時，我們必須將這些字元去除才能應用。

字串		LEN		TRIM		LEN		消除
123		4		123		4		3
456		4		456		4		3
ABC	→	4		ABC	→	4	→	0
789		4		789		4		3
012		4		012		4		3

原來的字串看起來是三個字元，其實用 LEN 計算字元數，結果是四個字元。如果用 TRIM 消除疑似空白字元，結果還是四個字元，表示 TRIM 無法消除這些看不見的字元。

來看看字串 123 的字碼。

```
CODE(MID(C22,ROW($1:$4),1))
```

MID(C22,ROW($1:$4),1)，這是將字元一個一個列出來，{"1";"";"2";"3"}，然後用 CODE 轉為字碼，得到以下結果：

MID		CODE
1		49
	→	**8**
2		50
3		51

這個空白的字碼是 8，代表 Backspace。接下來，刪除這個字元。

```
H22=COUNT(--MID(C22,ROW($1:$4),1))
```

--MID(C22,ROW($1:$4),1) 是將文字型數值轉為數值型，而文字型就會產生錯誤，{1;#VALUE!;2;3}，然後，COUNT 計算數字個數，它會忽略錯誤值，所以答案是 3。

至於 ABC 文字型用 COUNT 或 COUNTA 都有問題，可以用另外一種方法，CODE(MID(C24,ROW($1:$4),1))，得到以下結果：

MID		CODE
A		65
B	→	8
		12
C		67

可知這個「空白」是 12 字碼，然後可以用 SUBSTITUTE 實際空白取代。

```
LEN(SUBSTITUTE(C24,CHAR(12),""))=3
```

接下來，看看 COUNTIF 的應用。

```
C13=COUNTIF(C3:C9,"*")
```

"*" 是代表儲存格顯示字即是 TRUE，必須計算，C4 與 C7 沒有，所以答案是 5。

```
C14=COUNTIF(C3:C9,"<>")
```

"<>" 不等於是排除空白，只有 C4 才是，所以答案是 6。

```
C15=COUNTIF(C3:C9,"> ")
```

"> " 是大於空格，C4 空白排除，C7 空格排除（兩個空格就不會排除），C9 數字排除，所以答案是 4。ISBLANK 判斷有公式存在時，都是 FALSE，而這個方法可以排除公式。

```
C16=COUNTIF(C3:C9,"><")
```

"><" 類似 C15 的答案。

```
C17=COUNTIF(C3:C9,"=")
```

"=" 判斷是否為空白，只有 C4 是，所以答案是 1，SUM(--ISBLANK(C3:C9)) 也是一樣答案。C14 的 "<>" 是排除空白，其他返回 TRUE；"=" 只接受空白。

```
C18=COUNTIF(C3:C9,"<>0")
```

"<>0" 不等於 0，範圍都沒有 0，所以答案是 7。

```
C19=COUNTIF(C3:C9,"<0>")
```

"<0>" 判斷是否為空格，只有 C7 是，所以答案是 1。當然也可以用 COUNTIF(C3:C9," ")，但儲存格有兩個空格就顯示 FALSE。

```
C20=COUNTIF(C3:C9,">0")
```

">0" 判斷大於 0 的個數，答案是 1，只有 C9 是。

03 計算開頭是 A、B、C 的水果個數

我們要計算頭文字時，應該要如何處理？是在 criteria 用多個判斷式？還是一個即可？這牽涉到 criteria 在多個條件時，是 AND 還是 OR 判斷。

開啟「1.3 計算開頭是 A、B、C 的水果個數 .xlsx」。

	A	B	C	D	E
2		項目：	產品		
3			Apple		
4			Banana		
5			Cherry		
6			Orange		
7			Coconut		
8			Pear		
9					
10		問題：	計算開頭是A、B、C的水果個數		
11		解答：	4		
12			2		
13			2		

C3:C8 是產品名稱，我們想要得到頭文字是 A、B、C 的水果名稱個數。

```
C11=SUM(COUNTIF(C3:C8,{"A*","B*","C*"}))
```

如果遇到這種組合公式，應當從裡面開始分析起。

```
COUNTIF(C3:C8,{"A*","B*","C*"})
```

第 1 引數 range 是 C3:C8 的範圍。

第 2 引數 criteria 是 {"A*","B*","C*"}，這是常數陣列。解釋為 C3:C8 裡面的字串第一個字元是 A、B、C 即可計算個數，因為常數陣列是以 OR 來判斷，而且我們上面學

過萬用字元 * 代表全部,所以字串裡只要其中一組的第一個字母是 A、B 或 C 即是 TRUE。

選擇 C11,按**資料編輯列**,下面有 SUM 語法的提示,選擇 **number1**,再按 **F9**,就可以知道 COUNTIF 的答案是 1,1,2,這表示在 C3:C8 的字串,A 與 B 開頭的字串有 1 個,C 開頭有 2 個。

- "A*" 是 **A**pple
- "B*" 是 **B**anana
- "C*" 是 **C**herry 與 Coconut

但是它是以 OR 來判斷陣列將結果分開在不同儲存格,所以最後必須要用 SUM 再加總一次,得到答案就是 4 個。

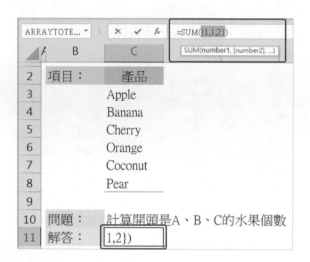

再來看開頭不是 A、B、C 的個數。

```
C12=COUNTIFS(C3:C8,"<>A*",C3:C8,"<>B*",C3:C8,"<>C*")
```

COUNTIF 跟 COUNTIFS 語法不一樣。

```
COUNTIF(range,criteria)
COUNTIFS(criteria_range1, criteria1,[criteria_range2],[ criteria2]…)
```

COUNTIFS 可以計算多個範圍與準則。

這裡分成三個部分各別計算：

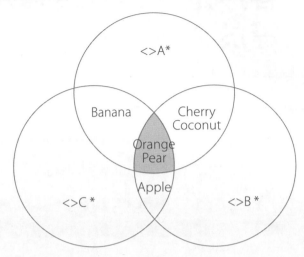

我們把三組答案交集（AND 判斷）之後，將非 A 非 B 非 C 刪除，只剩 Orange 與 Pear 共兩個答案。

為什麼不能用以下的公式來計算頭文字是 A、B、C 的個數呢？

```
COUNTIFS(C3:C8,"A*",C3:C8,"B*",C3:C8,"C*")
```

因為：

- "A*" 是 Apple

- "B*" 是 Banana

- "C*" 是 Cherry 與 Coconut

交集之後是 0，沒半個。

接下來看：

```
D13=COUNTIF(C3:C8,"<>")-SUM(COUNTIF(C3:C8,{"A*","B*","C*"}))
```

COUNTIF(C3:C8,"<>")，在前一單元 "<>" 是計算有字串的儲存格，答案是 6。

SUM(COUNTIF(C3:C8,{"A*","B*","C*"}))，這個答案是 4。

所以 6 - 4 = 2，就如 C12 的答案。

04 客戶是 A 與 D 且費用大於等於 20 有幾個？

前面說明的是文字的判斷，接下來要講解多文字與數字的判斷來計算個數。

開啟「1.4 客戶是 A 與 D 且費用大於等於 20 有幾個？.xlsx」。

	A	B	C	D	E	F
2	項目：		日期	客戶	服務窗口	費用
3			2021/6/3	A	Amy	10
4			2021/6/3	A	Ander	20
5			2021/6/3	B	Robert	35
6			2021/6/3	B	Amy	45
7			2021/6/4	C	Ander	81
8			2021/6/4	C	Amy	22
9			2021/6/5	D	Robert	19
10			2021/6/6	D	Robert	65
11			2021/6/7	D	Ander	25
12			2021/6/7	E	Ander	33
13						
14	問題：		客戶是A與D，費用>=20有幾個？			
15	解答：		3			
16			2			

首先，我們點選 C15。

```
SUM(❹
    COUNTIFS(❸
        D:D,    ❶
        {"A","D"},
        F:F,    ❷
        ">=20"
    )
)
```

1. COUNTIFS 是多準則條件判斷，D:D 客戶欄，裡面必須有 A 與 D 才是 TRUE。

2. F:F 費用欄必須 >=20 才是 TRUE。

3. 選擇 COUNTIFS(D:D,{"A","D"},F:F,">=20")，或按 SUM 裡的 **number1**，再按 **F9**，得到 {1,2}。

客戶		費用		交集	
A		10		A	D
A	→	20	→	1	2
B		35			
B		45			
C		81			
C		22			
D		19			
D	→	65			
D	→	25			
E		33			

COUNTIFS 可以計算多個範圍（range）與準則（criteria），第一個 range 是 D 欄，criteria 是 {"A","D"}，答案是 5 個；第二個 range 是 F 欄，criteria 是 ">=20"，一共有 8 個。我們不能 5+8=13，因為它是 AND 觀念，是即等於 D 欄，也要等於 F 欄，第 4、10、11 列符合條件。

4. 最後再用 SUM 加總，所以答案是 3。

接下來，我們點選 C16。

```
SUM(COUNTIFS(D:D,{"A","C"},E:E,{"Amy","Ander"}))
```

{"A","C"}

{"Amy","Ander"}

A 對 Amy；C 對 Ander

依照上面的解釋，會得到第 3、7 列，共兩個。

	項目：	日期	客戶	服務窗口	費用
3	❶	2021/6/3	A	Amy	10
4		2021/6/3	A	Ander	20
5		2021/6/3	B	Robert	35
6		2021/6/3	B	Amy	45
7	❷	2021/6/4	C	Ander	81
8		2021/6/4	C	Amy	22
9		2021/6/5	D	Robert	19
10		2021/6/6	D	Robert	65
11		2021/6/7	D	Ander	25
12		2021/6/7	E	Ander	33

05

計算大於等於 6 與 小於等於 3 的數值

SUM 是 Excel 最常用的函數之一,它的系列函數非常多,如 SUMIF、SUMIFS、DSUM、SUMX2MY2。本節要介紹的是 SUMIF 與 SUMIFS,多一個 IF 是條件式判斷,條件是 TRUE 就計算某範圍數值。

SUMIF 與 SUMIFS 的語法分別如下:

```
SUMIF(range,criteria, [sum_range])
SUMIFS(sum_range, criteria_range1, criteria1…)
```

SUMIFS 只有一個 sum_range,也就是只能加總一個範圍,而 COUNTIFS 可以計算多個 sum_range。SUMIFS 的 critria_range 是準則判斷的範圍。

開啟「1.5 計算大於等於 6 與小於等於 3 的數值 .xlsx」。

	A	B	C	D	E	F	G	H	I
2		項目:	1	2	3	4	5	6	7
3									
4		問題:	計算>=6與<=3的數值						
5		解答:	0						
6			19						
7			18						
8			15						
9			15						

首先,點選 C5。

```
SUMIFS(❹
    C2:I2,❶
    C2:I2,❷
    ">="&6,
    C2:I2,❸
```

```
    "<="&3
)
```

1. 計算範圍是 **C2:I2**，1-7 的數值。

2. C2:I2 必須 >=6。

3. C2:I2 必須 <=3。

4. 同時符合上面兩個條件即加總。

答案是 0，那是因為同樣一個範圍 C2:I2，criteria 不能同時 >=6 且 <=3，沒有交叉範圍。所以答案是 0。

">=6" 是：

項目：	1	2	3	4	5	6	7

"<=3" 是：

項目：	1	2	3	4	5	6	7

它們沒有交集的地方，合計是 0。

我們要計算同一範圍，兩個條件時，可以用 OR 的概念，就是前面所提的常數陣列。

點選 C19。

```
SUM(SUMIFS(C2:I2,C2:I2,{">=6","<=3"}))
```

我們選擇 SUMIFS，按 **number1**，按 **Ctrl+C**，再按 **F9**，會得到 {13,6}。

在 G4 輸入 =，再按 **Ctrl+V**，一樣顯示 13 與 6。這表示 C2:I2 大於等於 6 的值合計是 13，小於等於 3 的值是 6，最後用 SUM 加總 13 與 6，得到 19。

點選 C7。

```
SUMIFS(C2:I2,C2:I2,"<=6",C2:I2,">=3")
```

我們來看這個函數，"<=6" 且 ">=3" 是否存在？

"<=6" 是：

項目：	1	2	3	4	5	6	7

">=3" 是：

項目：	1	2	3	4	5	6	7

它們交集的地方是 3、4、5、6，合計是 18。

點選 C8。

```
SUMIF(C2:I2,"<=6")-SUMIF(C2:I2,"<=3")
```

"<=6" 是：

項目：	1	2	3	4	5	6	7

"<=3" 是：

項目：	1	2	3	4	5	6	7

"<=6" 的合計是 21，"<=3" 的合計是 6，21- 6=15。

我們也可以用另外一個公式計算。點選 C9。

```
SUM(SUMIF(C2:I2,{"<=3","<=6"})*{-1,1})
```

SUMIF(C2:I2,{"<=3","<=6"}) 的答案是 {6,21}。

{6,21}*{-1,1} = {-6,21}，接下來 SUM({-6,21})，得到 15。

因為 SUM 是加總，如果有減項需要計算，就用常數陣列 {-1,1}。

06 計算日期區間內的個人件數

了解 SUMIFS 多條件計算與常數陣列應用之後，接下來要探討如何用日期區間來計算資料。

開啟「1.6 計算日期區間內的個人件數 .xlsx」。

	A	B	C	D	E	F	G
2	項目：		姓名	日期	件數		
3			張三	1月2日	20		
4			李四	2月3日	15		
5			張三	3月15日	19		
6			李四	4月17日	22		
7			張三	5月9日	17		
8			李四	6月20日	16		
9							
10	問題：		計算日期區間內的個人件數				
11	解答：		開始日期	1月1日	結束日期	4月1日	
12					姓名	件數	件數
13					張三	39	39
14					李四	15	15

C:E 是姓名、日期與件數，C11 是開始日期，F11 是結束日期，我們要用這兩個日期區間來計算個人的件數。

首先，點選 F13。

```
SUMIFS(❹
    E:E,
    C:C,❶
    E13,
    D:D,❷
    ">="&D$11,
    D:D,❸
    "<="&F$11
)
```

1. criteria 是 C:C,E13，比對姓名部分。

2. criteria 是 D:D,">="&D$11，日期大於等於 D11（1 月 1 日）。

3. criteria 是 D:D,"<="&F$11，日期小於等於 F11（4 月 1 日）。

   綜合上面姓名、日期區間與件數的判斷是：

姓名	日期 >=1/1	日期 <=4/1	件數
張三	1 月 2 日	1 月 2 日	20
李四	2 月 3 日	2 月 3 日	15
張三	3 月 15 日	3 月 15 日	19
李四	4 月 17 日	4 月 17 日	22
張三	5 月 9 日	5 月 9 日	17
李四	6 月 20 日	6 月 20 日	16

4. sum_range 是 E:E，計算 criteria 符合條件的件數。在交集之下，計算日期為 1/2 與 3/15，姓名是張三，所以合計 E3 與 E5，20+19=39。

然後，點選 G13。

```
SUMIFS(E:E,C:C,E13,D:D,">="&DATE(2021,1,1),D:D,"<="&44287)
```

這裡的日期使用 DATE(2021,1,1) 與 44287 也是有同樣效果，DATE 函數直接反應日期，就不用參照 D11，而 44287 是日期序號，也是直接反應日期，所以答案跟 F13 是一樣的。Excel 是以 1900/1/1 為第 1 天，第 44287 天是 2021/4/1。

接下來看 G14。

```
SUMIFS(E:E,C:C,E14,D:D,">=2021/1/1",D:D,"<=44287")
```

">=2021/1/1" 是將日期與數學邏輯符號直接放在雙引號裡面，這樣也是可以的，所得答案跟 F14 一樣。

這裡有個特色，我們使用欄位代號，如 E:E，而不是 E3:E8 的範圍，即使下面是文字也會忽略，不會出現錯誤訊息。它必須是陣列才能判斷與計算。

07 計算資料除了 X2 以外的數值

我們已經學過 SUMIFS 的多條件與區間計算，這次將學習除了 XX 之外的計算，也考量不是在同一欄的處理方式。

開啟「1.7 計算資料除了 X2 以外的數值 .xlsx」。

A	B	C	D	E	F
2	項目：	專案	數值	專案	數值
3		X1	100	X2	320
4		X2	150	X3	410
5		X3	130	X4	150
6		X2	210	X1	280
7					
8	問題：	計算資料除了X2以外的數值			
9	解答：	680			
10		1070			
11		1070			
12		1070			

C 欄與 E 欄是專案，D 欄與 F 欄是數值，我們要用不同的欄位來計算數值。

首先，點選 C9。

```
SUMIF(C3:E6,"X2",D3:F6)
```

這是基本的用法，判斷 C 欄與 E 欄等於 X2 即計算 D 欄與 F 欄。因為，在不同欄，所以先判斷 C:E 的專案，但中間夾著 D 欄的數值，因此，sum_range 也要同樣的陣列格式，這樣就會自動判斷 C 欄對上 D 欄，E 欄對上 F 欄。

這個公式是判斷 X2 的部分，接下來，我們要判斷不是 X2 的部分。

點選 C10。

```
SUMIFS(D3:D6,C3:C6,"<>X2")+SUMIFS(F3:F6,E3:E6,"<>X2")
```

這是將計算部分依照欄位分開 2 部分 C:D 與 E:F，然後加總，230+840=1070。

接下來，點選 C11。

```
SUM(SUMIF(C3:E6,{"X*","X2"},D3:F6)*{1,-1})
```

我們從裡面開始分析。

```
SUMIF(C3:E6,{"X*","X2"},D3:F6)
```

* 萬用字元是代表全部字元，裡面有兩個 *，第 1 個 "X*" 是有 X 開頭的字串就是 TRUE。{"X*","X2"} 是兩個條件，C 欄與 E 欄的專案等於 "X*" 或 "X2"，如果是 TRUE 就計算 D3:F6。

A	B	C	D	E	F
2	項目：	專案	數值	專案	數值
3		X1	100	X2	320
4		X2	150	X3	410
5		X3	130	X4	150
6		X2	210	X1	280

符合 "X*" 是全部，一共 1750。

符合 "X2" 有三個，150+210+320=680。

*{1,-1}，這個 * 是乘法，所以 SUMIF(C3:E6,{"X*","X2"},D3:F6)*{1,-1}= {1750,-680}，然後，用 SUM 加總 {1750,-680}，也就是 1750-680=1070，答案與 C10 相同。

接下來，我們點選 C12。

```
SUMIF(C3:E6,"<>X2",D3:F6)
```

這個方法更簡單，criteria 直接用 "<>X2"，就可求得 1070。<> 這兩個符號組合表示不等於，也就是專案名稱非 X2 的數值合計。

	A	B	C	D	E	F
2	項目：		專案	數值	專案	數值
3			X1	100	X2	320
4			X2	150	X3	410
5			X3	130	X4	150
6			X2	210	X1	280
7						
8	問題：		計算資料除了X2以外的數值			
9	解答：		680			
10			1070			
11			1070			
12			1070			

08 累積加總，SUBTOTAL 可進行 2D 彙總，而 SUM 只是 1D

SUBTOTAL 是很強大的彙總函數，它可以執行 SUM、COUNT、AVERAGE 的功能，如果你有比較新的版本，AGGRAGATE 函數增加 MEDIAN、LARGE、QUARTILE…等等的應用。然而，SUBTOTAL 畢竟跟 SUM 等函數還是有差異，當我們進行表格統計時，它可以忽視隱藏的列欄位，也可以進行多階層彙總。

它的語法是：

```
SUBSTOTAL(function_num,ref1,…)
```

function_num 是以數字代表其他函數功能，如 9 代表 SUM。

ref1 是參照的範圍。

開啟「累積加總，SUBTOTAL 可進行 2D 彙總，而 SUM 只是 1D.xls」。

	A	B	C	D	E	F	G	H	I
2		項目：	2	5	6	7	8	1	2
3									
4		問題：	累積加總，subtotal可進行2D彙總，而sum只是1D						
5		解答：	2	7	13	20	28	29	31

首先，點選 C5，公式如下：

```
SUBTOTAL(9,OFFSET(C2,,,,COLUMN(A:G)))
```

SUBTOTAL 就會進行各階段累積加總，2+5=7，2+5+6=13…。

OFFSET(C2,,,,COLUMN(A:G))，擷取移動後的資料，下一章我們會再深入探討 OFFSET 函數。

如果用

```
SUM(OFFSET(C2,,,,COLUMN(A:G)))
```

答案是 14，這個 14 是怎麼來的呢？為什麼 SUM 無法累積加總呢？

當我們輸入 =OFFSET(C2,,,,COLUMN(A:G)) 會顯示 #VALUE 的錯誤值，如果加上 N 就顯示第一層資料。

```
C8=N(OFFSET(C2,,,,COLUMN(A:G)))
```

會得到以下結果：

2	2	2	2	2	2	2

這是第一層資料，N 函數是將非數字（文字型態）轉為數字，也可以顯示多階層的第一層數值。

接下來，D9=N(OFFSET(D2,,,,COLUMN(A:F)))，層級以此往下類推，我們將得到以下結果：

2	2	2	2	2	2	2
	5	5	5	5	5	5
		6	6	6	6	6
			7	7	7	7
				8	8	8
					1	1
						2

原則上，我們為了方便解釋，將第 2 層以後放在下面，讓我們可以看到數值，但實際上，第 2 層 5 是在第 1 層 2 的後面，可以透過 N 函數將第 1 層顯示出來，後面幾層就沒辦法顯示。

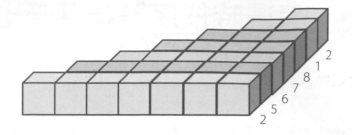

因此，可以解釋 SUM 只能處理 1D（一個維度）。所以，下列的公式只能計算第 1 層 7 個 2，答案就是 14。

```
SUM(OFFSET(C2,,,,COLUMN(A:G)))
```

SUBTOTAL 的另外一個功能是可以計算 2D 的資料，所以就可以累積加總。其實有這項特殊的功能，除了 SUBTOTAL 以外，還有 SUMIF。

```
SUMIF(OFFSET(C2,,,,COLUMN(A:G)),"<>")
```

range 只能接受範圍，函數計算是無法應用的，但可以使用 OFFSET、INDIRECT 與 INDEX 函數來標定範圍。

得到以下的答案，跟 SUBTOTAL 一模一樣。

SUMIF	2	7	13	20	28	29	31

09 篩選時依序號排序，不會跳號

SUBTOTAL 的重要功能是忽略計算某些欄位，我們將 SUM 跟 function_num 的 9 與 109 所代表的功能列表說明如下：

項目	SUM()	SUBTOTAL(9)	SUBTOTAL(109)
一般狀況	全部加總	全部加總	全部加總
隱藏狀況	全部加總	全部加總	忽略計算
篩選狀況	全部加總	忽略計算	忽略計算
SUBTOTAL	全部加總	忽略計算	忽略計算

有四個項目，包含：一般狀況、隱藏狀況、篩選狀況與 SUBTOTAL，而表頭三個函數是這三個函數加總或忽略計算的選擇。

開啟「1.9 篩選時，依照序號排序，不會跳號 .xlsx」。

	A	B	C	D	E	F	G	H
2		項目：	序號	店面	數量	金額	解答：1	解答：2
3			1	台北店	3	100	1	X0001
4			2	新北店	5	200	2	X0002
5			3	新北店	5	250	3	X0003
6			4	台北店	4	210	4	X0004
7			5	台中店	8	190	5	X0005
8			6	台中店	7	180	6	X0006
9			7	新北店	5	222	7	X0007
10			8	新北店	9	275	8	X0008
11			9	台南店	10	321	9	X0009
12			10	高雄店	7	156	10	X0010
13						2104	2104	
14		問題：	篩選時，依照序號排序，不會跳號					

然後點選 G3。

```
SUBTOTAL(3, D$3:D3)
```

function_num 是 3 代表 COUNTA，而 ref1 是 D$3:D3，D$3 絕對位址不動，只動 D3 位址，所以往下拖曳複製產生了序號。一般序號產生可以用 ROW() 或其他方法，但透過篩選之後，某些序號隱藏，就會跳號。

從下圖中可知，C 欄序號是用 ROW，所以隱藏部分一樣計算，就會跳號。而 G 欄使用 SUBTOTAL 就會形成連續號碼。

當然你也可以用 F11 輸入 =SUBTOTAL(9,F3:F10)，G11 輸入 =SUM(F3:F10)，看看篩選之後的數字變化。

如果序號需要代號存在時，可以用 TEXT 來轉換序號。點選 H3。

```
="X"&TEXT(SUBTOTAL(3,D$3:D3),"0000")
```

	B	C	D	E	F	G	H
2	項目：	序號	店面	數量	金額	解答：1	解答：2
3		1	台北店	3	100	1	X0001
6		4	台北店	4	210	2	X0002
7		5	台中店	8	190	3	X0003
8		6	台中店	7	180	4	X0004
12		10	高雄店	7	156	5	X0005

TEXT 的第二引數是 format_text，將第一引數的 value 格式化，4 個 0 表示有 4 個數字，value 有數字就取代 0，所以如果是 1，就是 0001，再合併前面的 X，就是 X0001；如果是 10 的話，就是 X0010。

然後，篩選店面，第 12 列高雄店本來序號是 10，就成為 X0005，根據實際列數來變化序號，而 C 欄是沒有變動。

10 計算學生全部科目的平均

比較少人會使用 MMULT 這個函數，通常會使用 SUM 與 SUMPRODUCT，但 MMULT 是非常輕巧與有用的函數。MMULT 被歸類在數學函數裡，它是陣列乘積，跟 SUMPRODUCT 類似，SUMPRODUCT 是陣列 1×陣列 2 再合計，陣列需一致性，全部是直欄或橫列，跟 MMULT 不同，一組直欄，另一組必須是橫列。SUM 與 SUMPRODUCT 返回一個值，而 MMULT 可以返回陣列值。

MMULT 的語法是：

```
MMULT(array1,array2)
```

array 是陣列型態，只有兩個，而且兩個都必須。

SUMPRODUCT 可以有多個 array，只有一個必須。

開啟「1.10 計算學生全部科目的平均 .xlsx」。

array1	array2
1	4
2	5
3	6
32	32
SUMPORUDCT	MMULT

```
SUMPRODUCT(I3:I5,J3:J5)
MMULT(TRANSPOSE(I3:I5),J3:J5)
```

兩個公式的答案是一樣，而 MMULT 的 array1 需要橫列，所以我們用 TRANSPOSE 將陣列轉置。

如果陣列是

array1		array2
1	4	1
2	5	1
3	6	1

```
I9=SUMPRODUCT(I3:J5,K3:K5)
```

就會產生 #VALUE! 的錯誤訊息。

```
I10=SUMPRODUCT(I3:I5,J3:J5,K3:K5)
```

答案一樣是 32，因為陣列 2 都是 1。這一點就跟 MMULT 有所不同。

MMULT 是陣列相乘後相加，但是透過一個陣列全是 1 值可以達成直欄或橫列相加。這個功能在 SUM 或 SUMPRODUCT 都沒辦法達成，這是進階函數很重要的應用功能，可以返回一組陣列。

由 Excel 延伸出去的 POWERBI 的 DAX 函數，可以分成值函數與表函數，值函數返回一個值，Excel 函數大都是值函數，但透過 CSE 公式可以顯示多數值；而表函數返回一張表，表裡面是多值，就像 MMULT 一樣。

舊版必須按 Ctrl+Shift+Enter（CSE 公式）顯示陣列公式資料，新版不用按 CSE 就會顯示出來，稱為動態陣列（Dynamic Array）。

原則上，MMULT 要橫列或直欄相乘加總的運作方式是：

				橫列相乘加總	
			array1		array2
1	1	1	A1	A2	1
			B1	B2	1
			C1	C2	
	array1			array2	

直欄相乘加總

MMULT({1,1,1},array2) 是直欄相乘加總，1*A1+1*B1+1*C1，另外一個是 1*A2+1*B2+1*C2，得到兩個值。

MMULT(array1,{1;1}) 是橫列相乘加總，1*A1+1*A2、1*B1+1*B2，第 3 個是 1*C1+1*C2，一個 3 個值。

為了更加容易使用與 MMULT 的運作方式，可以用 1 的陣列轉置計算。

就是 MMULT(TRANSPOSE(L3:L5),I3:J5)。

底下兩個陣列都是直欄，本來是 3×1 陣列，需要將 arrayB 轉置成 1×3 陣列才可以用 MMULT 運算，為了容易理解可以將 arrayB 轉置與 arrayA 陣列相乘後相加。

注意！行列數必須一致，arrayA 有 3 橫列（行列式稱呼跟 Excel 不同，為了不造成困擾，就依照 Excel 原則），arrayB 就必須有三直欄（1×3 陣列），不然就會產生錯誤。

$1×1+1×2+1×3=6$

$1×4+1×5+1×6=15$

得到 2 個答案 6 與 15。

如果想要直欄各自計算就用上述方法；如果想要橫列相加就必須要用以下方法。

```
MMULT(I3:J5,L3:L4)
```

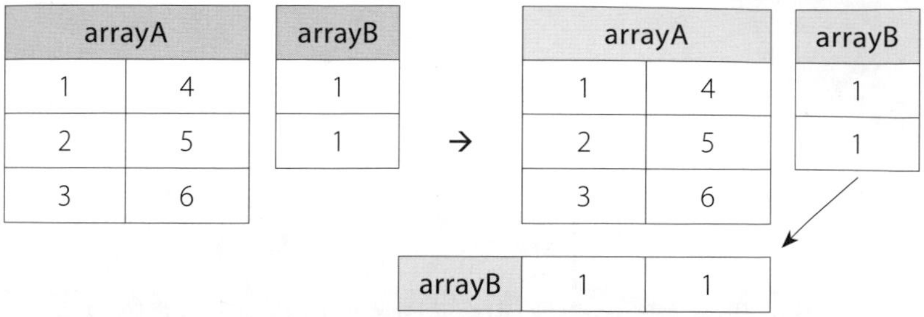

arrayA		arrayB
1	4	1
2	5	1
3	6	

→

arrayA		arrayB
1	4	1
2	5	1
3	6	

arrayB	1	1

要直欄相加 arrayA 是 3×2 陣列，arrayB 就必須 2×1 陣列。上圖是為了理解計算過程，所以將 arrayB 轉置，計算過程如下：

$1×1+1×4=5$

$1×2+1×5=7$

$1×3+1×6=9$

這種計算方式是 MMULI 的優勢，以後遇到橫列加總或直欄加總的案例就需要用這個函數。

接下來，點選 D7。

```
=MMULT(COLUMN(B:E)^0,D3:F6)
```

我們要在陣列 D3:F6 進行直欄加總，也就是數學、英文與國文的加總，所以放在 array2。array1 是 COLUMN(B:E)^0= {1,1,1,1}，這是橫列，所以數值計算是 98+78+85+69=330，當然也可以用 SUM(D3:D6)。

如果要橫列加總，點選 G3。

```
=MMULT(D3:F6,H3:H5+1)
```

array2 是 H3:H5+1= {1;1;1}，3 個直欄，所以 3 個 1 即可。Amy 是 98+87+77=262。

	A	B	C	D	E	F	G
2	項目：		姓名	數學	英文	國文	合計平均
3			Amy	98	87	77	262
4			Robert	78	68	85	231
5			Peter	85	88	84	257
6			May	69	80	75	224
7			合計平均	330	323	321	243.5
8							
9	問題：		計算學生全部科目的平均				
10	解答：		243.5	325			

上面運算都是總計，我們要取得全部學生平均，所以 G7 的公式應該是：

```
=AVERAGE(G3:G6)
```

接下來，點選 C10。

```
AVERAGE(MMULT(D3:F6,H3:H5+1))
```

所以要取得各科總計平均，如下：

```
AVERAGE(MMULT(COLUMN(A:D)^0,D3:F6))
```

array1	1	1	1	1

←→

array2		
98	87	77
78	68	85
85	88	84
69	80	75

↓

結果	330	323	321

然後，得到：

```
AVERAGE(330,323,321)=325
```

11 統計各產品分店金額

MMULT 是很優秀的計算利器,前面我們學到多列對 1 列的計算方式。本節將介紹多列對多列或多欄的運算。

開啟「1.11 統計各產品分店金額 .xlsx」。

	A	B	C	D	E	F	G	H	I	J
2	項目:			橘子	蘋果	香蕉			A店	B店
3			Amy	5	8	3		橘子	150	160
4			Robert	6	9	5		蘋果	255	250
5			Peter	8	4	7		香蕉	170	175
6			May	7	5	4				
7										
8	問題:		統計各產品分店金額							
9	解答:		橘子	蘋果	香蕉				A店	B店
10			Amy	1550	4040	1035			3300	3325
11			Robert	1860	4545	1725			4045	4085
12			Peter	2480	2020	2415			3410	3505
13			May	2170	2525	1380			3005	3070
14			合計	8060	13130	6555			13760	13985

C2:F9 是各業務員的水果銷售量,H2:J5 是各店水果銷售價格。

C9:F14 是各業務員的水果銷售金額,而 D10 是:

```
D3*(I$3+J$3)
```

我們計算 A、B 二店的橘子金額,得到 1,550,合計是 8,060。

I9:J14 是各店業務員的銷售金額,I10 是:

```
MMULT(D3:F6,I3:J5)
```

array1		
5	8	3
6	9	5
8	4	7
7	5	4

↔

array2	
150	160
255	250
170	175
A店	B店

→

A 店	B 店
3300	3325
4045	4085
3410	3505
3005	3070
13760	13985

150	255	170	A 店
160	250	175	B 店

D3:F6 的陣列是 4×3，直欄是 3 個，而 I3:J5 是 3×2，橫列是 3 個，直欄跟橫列都是三個，這是計算 4 個業務員的銷售業績，所以各店計算之後產生 4 個答案。

```
I10=I$3*$D3+I$4*$E3+I$5*$F3=3300
```

數字計算為 Amy 的 A 店是 5×150+8×255+3×170=3300，而 B 店是 5×160+8×250+3×175=3325。

所以我們也可以用上面的公式一個一個相乘然後相加。2 個公式都可以，如果還要加工計算的話，就只能用 MMULT 的方式。

我們來看 I14 是：

```
SUM(I10:I13)
```

加總 I10:I13 得到 13,760，如果我們不要計算各業務員銷售金額，也可以用

```
SUM(MMULT(D3:F6,I3:I5))
```

或用

```
SUM(MMULT(D3:F6,I3:J5))
```

取得總金額，而用一個一個相乘後相加的方式，是無法用一個公式就完成的。

12 顯示重複最多與最少的值

FREQUENCY 是個常用函數，統計資料在各組間的個數。其實它的功用也是很強大，只是大部分的應用都是使用這個功能，另外它還能判斷單值在各組的位置與重複值個數。

它的語法是：

```
FREQUENCY(data_array, bins_array)
```

data_array 是數值陣列資料。

bins_array 是各組間的陣列資料，通常是依照排序，由小到大。

開啟「1.12 顯示重複最多與最少的值 .xlsx」。

A	B	C	D	E	F	G	H	I	J
2	項目：	10	9	7	9	9	3	3	7
3									
4	問題：	顯示重複最多與最少的值							
5	解答：	最多	最少						
6		9	10						

假設我們要計算 C2:J2 在組間 3、6、9 各有幾個，我們的公式是：

```
FREQUENCY(C2:J2,{3,6,9})
```

組間	合計
3 以下	2
4-6 之間	0
7-9 之間	5
10 以上	1

這是 FREQUENCY 最常用的運作方式，統計組間的個數。

接下來，點選 C6。

```
MOD (❹
    MAX (❸
        FREQUENCY(C2:J2,C2:J2)/❶
            1%%+ ❷
                TRANSPOSE(C2:K2)
    ),
    10
)
```

1. 在前面我們學過 COUNTIF 自我計算，取得重複值的個數，FREQUENCY 也可以，但它只顯示第一個重複值，其他都是 0。得到答案是 {1;3;2;0;0;2;0;0;0}。

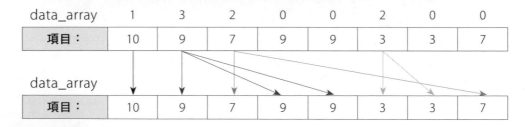

COUNTIF(C2:J2,C2:J2)，會得到 {1,3,2,3,3,2,2,2}，每一個相同值都會顯示跟 FREQUENCY 有所差異。

2. 接著我們來看 FREQUENCY(C2:J2,C2:J2)/1%%，/1%% 是 /0.0001，也可以是 *10000，就是將 {1;3;2;0;0;2;0;0;0}*10000，得到 {10000;30000;20000;0;0;20000;0;0;0}，增加 10000 倍，然後 +TRANSPOSE(C2:K2)，TRANSPOSE(C2:K2) 轉置成直欄，因為 FREQUENCY 計算出來是直欄。2 個相加，得到：

```
{10010;30009;20007;9;9;20003;3;7;0}。
```

3. MAX 取得最大值是 30009。如果只有用 MAX(FREQUENCY) 的話，只會得到 3，3 只是表示出現最多次，無法得知哪個數值出現最多次，所以要加上 1 萬，然後加上 C2:K2 的值，取得最大值是 30009，後面的 9 是出現最多次。

4. 我們要取得 9 這個值，因此要用 MOD(30009,10)，就會得到餘數 9。當然，我們必須考量最大數是幾位數再來決定要用幾個 % 或乘上多少數字，這裡用 /1% 也可以。

接下來，點選 D6，找到陣列個數最少的值。

```
MOD (❸
    MIN (❷
        TEXT (❶
            FREQUENCY(C2:J2,C2:J2),
            "[=]15"
        )/1%%+
            TRANSPOSE(C2:K2)
    ),
    10^4
)
```

1. FREQUENCY 同上公式，取得 {1;3;2;0;0;2;0;0;0}。因為有 0 出現，所以找最小值要將 0 改成比較大的值，所以增加 TEXT，format_text 是 "[=]15"，省略 0，應該是 "[=0]15"，意思是 FREQUENCY 的數字是 0 的話，就等於 15。範圍內最大值是 10，因此給更大值 15，那麼，就能排除 0。得到 {"1";"3";"2";"15";"15";"2";"15";"15";"15"}。

2. MIN 的 number1= {10010;30009;20007;150009;150009;20003;150003;150007;150000}，最小值在第 1 個位置，答案是 10010。

3. MOD(10010,10^4)=10，是陣列中個數最少的值。

當然，你也可以用 COUNTIF 來取代 FREQUENCY，或者是 INDEX(MAICH()) 來解決這個問題。

13 判斷上下時間的差距

FREQUENCY 能判斷資料相同值的數量，然而它也可以判斷單筆資料在組間的位置。我們在下一章會說明查閱與參照函數，其中在模糊尋找時，會顯示上一個值，例如：查詢值是 5，陣列是…4、6…，它會取得上個位置 4 這個值或位置。所以如果我們要取得下一個值是 6 的話，FREQUENCY 就是很好的方法。

開啟「1.13 判斷上下時間的差距.xlsx」。

	B	C	D	E	F
2	項目：	時間	A	B	C
3		18:00	5.3	3.2	5.0
4		18:10	6.2	4.6	7.2
5		18:20	6.7	5.2	8.6
6		18:30	7.9	6.0	8.8
7		18:40	8.3	7.1	9.2
8		18:50	8.5	7.9	9.3
9		19:00	9.6	8.5	9.4
10					
11	問題：	計算藍色區域(介於6-9之間)第1個與最後一			
12	解答：		A	B	C
13			00:40	00:30	00:20

我們要計算藍色區域 (介於 6-9 之間) 第 1 個與最後一個的時間差距，點選 D13。

```
LOOKUP(9,D3:D9,$C3:$C9)❶
  -
MAX(❸
  FREQUENCY(6,D3:D9)*$C3:$C10❷
)
```

1. 我們用最後一個時間扣除第一個時間才能得到時間差，所以要先找到最後一個時間。LOOKUP 可以找尋最後一個時間，下一章會詳細說明此函數，所以我們用 9 去搜尋 D3:D9 是否有這個值？在 A 單位是找不到，它會反應低於 9 的最大值，是 D8 的 8.5，而 8.5 是反應到 LOOKUP 的第三引數 C3:C9 的時間 18:50(C8)。

2. 找尋第一個時間使用 MAX(FREQUENCY)，選擇 FREQUENCY(6,D3:D9)，按 F9，取得 {0;**1**;0;0;0;0;0;0}，6 在第 2 個位置，通常 FREQUENCY 是 data_array 數值陣列根據 bins_array 的組間來計算陣列資料裡的個數，而這個 data_array 只有單一值，所以它會返回大於 6 的最小值，6.2 這個地方，也就是第 2 個位置。如果我們用 LOOKUP(6,D3:D9)，反應低於 6 的最大值，顯示 5.3，在第 1 個位置。這也就是 FREQUENCY 跟其他查閱函數的不同點。接下來，將 FREQUENCY(6,D3:D9)*$C3:$C10，是乘上時間。得到 {0;**1**;0;0;0;0;0;0}*{0.75;**0.75 6944444444445**;0.763888888888889;0.770833333333334;0.777777777777779; 0.784722222222224;0.791666666666669;0}。

   0 乘於任何數都是 0，1 乘於任何數就是任何數（0 除外），所以答案是 {0;**0.756 94444444445**;0;0;0;0;0;0}。

3. 最後，用 MAX 取得最大值是 0.756944444444445。最大時間與最小時間相減，得到 0.784722222222224-0.756944444444445=0.0277777777777795，轉換時間格式是 0:40，也就是 18:10 ～ 18:50 是 40 秒。

我們來看一下 FREQUENCY 的 bins_array 是 D3:D9，而乘上時間卻是 C3:C10，為什麼多一格出來？那是因為 FREQUENCY 會顯示超過 bins_array 最大數值的個數，多出一格，所以時間也要多出一格，才會同樣格數，不然會產生錯誤。

14 計算組別間相同數字的數量

符合條件的個數可以用 COUNTIF，這次我們用 COUNT(1/FREQUENCY) 這個公式，它是將數值依照序數（bins_array）進行組間統計個數，然後被 1 除，再用 COUNT 合計。

開啟「1.14 計算組別間相同數字的數量 .xlsx」。

	A	B	C	D	E	F	G	H
2	項目：		組別			號碼		
3			A01	1	3	6	7	9
4			A02	2	5	7	8	9
5			A03	3	5	7	8	9
6			A04	2	4	6	8	9
7								
8	問題：		計算組別間相同數字的數量					
9	解答：			A01	A02	A03		
10			A02	2				
11			A03	3	4			
12			A04	2	3	2		

C2:H6 是各組別的號碼。

首先，點選 D10。

```
COUNT($D$3:$H$3,$D4:$H4) ❹
  -
COUNT( ❸
    1/ ❷
        FREQUENCY( ❶
            (D$3:H$3,D4:H4),
            ROW($1:$10)
        )
)
```

1. FREQUENCY 計算各組間的個數，data_array 可以是多範圍的資料，而 bins_array 是序數 1-10。得到 A01 與 A02 相同數值是 7 與 9。

data_array				
1	3	6	7	9
2	5	7	8	9

bins_array
1
2
3
4
5
6
7
8
9
10

結果

結果
1
1
1
0
1
1
2
1
2
0
0

2. 然後以 1 去除 FREQUENCY，得到 {1;1;1;#DIV/0!;1;1;0.5;1;0.5;#DIV/0!;#DIV/0!}，1/0=#DIV/0!。

3. COUNT 計算陣列數值個數，忽略錯誤值，所以是 8。

4. COUNT 計算 2 個組別的個數，取得 10，10-8=2。

FREQUENCY 確實是個優秀函數，可以用在許多方面。不過，還有個更簡單的函數可以應用，那就是 COUNTIF。

```
SUM(COUNTIF($D$3:$H$3,$D4:$H4))
```

range	1	3	6	7	9
criteria	2	5	7	8	9
結果	0	0	1	0	1

COUNTIF 可以計算相同數值個數，然後用 SUM 將 COUNTIF 加總就可以知道相同數字的數量。

15 統計台北區 大於等於 80 的個數

這個議題使用我們前面所學的 COUNTIFS 即可解決,但這次使用 FREQUENCY 的另外一個用法來處理。

開啟「1.15 統計台北區大於等於 80 的個數 .xlsx」。

	B	C	D	E
2	項目:	單位	姓名	成績
3		台北區	李四	80
4		台北區	張三	79
5		台北區	王五	91
6		高雄區	趙六	85
7		高雄區	孫七	69
8		高雄區	周八	77
9				
10	問題:	台北區成績>=80個數		
11	解答:	2	2	

C2:E8 是各單位個人的成績。

首先,點選 C11。

```
INDEX (❸
    FREQUENCY (❷
        IF(❶
            C3:C8="台北區",
            E3:E8
        ),
        79
    ),
    2
)
```

1. IF 篩選單位是台北區，保留 E3:E8 的成績，如果不是，就是 FALSE，因為第 3 引數 value_if_false 省略的話，會顯示 FALSE。

2. 這裡 FREQUENCY 第 2 引數 bins_array 跟以前不一樣，只有 79 這個值。前面提過 FREQUENCY（陣列,陣列）、FREQUENCY（多範圍,陣列）、FREQUENCY（單一值,陣列），這次是 FREQUENCY（陣列,單一值）。

IF			
logical_test	value_if_true		
台北區	**80**	79	1
台北區	79		2
台北區	**91**		
高雄區	FALSE		
高雄區	FALSE		
高雄區	FALSE		
data_array		bins_array	結果

FREQUENCY

IF 得到 80、79 與 91，成為 FREQUENCY 的 data_array，bins_array 是 79，所以它會得到 <=79 與 >79 的個數，答案是 1 與 2。

3. 最後使用 INDEX 第 2 引數 row_num=2，取出陣列第 2 個值，這是 >79 的個數，答案是台北區成績 >=80 有 2 個。

這是一種函數應用的思考過程，其實還有一種更簡單的方法，D11=COUNTIFS (C3:C8," 台北區 ",E3:E8,">="&80)，判斷 C3:C8=" 台北區 " 與 E3:E8>=80 也能得到答案。

本章排除一般的簡單函數，將重點放在進階彙總函數。函數的語法是最基本的，一定要熟悉、勤練習。可以到臉書的 Excel 論壇看看別人所提的問題，自己先解看看，然後分析專家的解法，就會進步神速。

記得解題時，要一個一個函數從裡到外寫下來，最後再合併。當然，有些多維答案（如 OFFSET）會顯示錯誤值，那不一定是錯誤值，只是在 Excel 表格中無法多維顯示。

訓練自己的邏輯思考，一開始用很多步驟解題是必經的過程，慢慢地，隨著解題越多，參考專家解法越多時，就會用更進階的函數來解決問題。下一章我們要介紹查閱與參照函數。

一般參照

查閱與參照函數在 Excel 佔有很重要位置，不管任何牽涉到試算表的工作都需要用到它。根據查閱值來搜尋陣列的資料，並返回位置或值，或者根據條件來標定範圍並計算或顯示值。這章重點放在 MATCH、INDEX、INDIRECT、OFFSET、VLOOKUP 與 LOOKUP 等函數的應用。

本章重點

01 顯示正數與倒數 2 的位置

MATCH 是很常用的函數，有些函數在查詢時，是返回儲存格的「值」，如 VLOOKUP、LOOKUP、INDEX。有些是返回「位置數」，就是在陣列的第幾個位置，如 MATCH，所以是得到數值。

我將一些搜尋或查閱的函數功能繪製成表，如下：

函數	查閱值	搜尋範圍	搜尋方向	返回	萬用字元
VLOOKUP	lookup_value	陣列	由上而下	值	可
HLOOKUP	lookup_value	陣列	由左而右	值	可
LOOKUP	lookup_value	陣列	?	值	不可
MATCH	lookup_value	陣列	?	序數	可
INDEX	row_num	陣列	由上而下	值	不可
FIND	find_text	字串	由左而右	序數	不可
SEARCH	find_text	字串	由左而右	序數	可

在搜尋方向欄裡，有？存在，很多人認為是由左而右或由上而下，甚至有人問我問題時，斬釘截鐵地認為 LOOKUP 是從下而上搜尋。確實有網頁這樣認定，其實不然，我們會在這一章探討 LOOKUP、MATCH 的搜尋方向，上表搜尋方向只是暫定，有些需要看情況來決定。MATCH 要看第 3 引數的 match_type 來決定搜尋方向，而 VLOOKUP 與 HLOOKUP 是看第 4 引數的 range_lookup。

MATCH 的語法是：

```
MATCH(lookup_value,lookup_array, [match_type])
```

lookup_value 是查閱值。

lookup_array 是搜尋陣列，只能搜尋 1 欄或 1 列。

match_type 是判斷搜尋是完全搜尋或模糊搜尋，有 [] 符號是選擇性，可有可無。

開啟「2.1 顯示正數與倒數 2 的位置 .xlsx」。

A	B	C	D	E
2	項目：	580276		
3				
4	問題：	顯示正數與倒數2的位置		
5	解答：	正數位置 倒數位置		
6		4	3	3

首先，點選 C6。

```
MATCH(
    "2",  ← match_type
    MID(C2,ROW(1:10),1),  ← lookup_array
    0  ← match_type
)
```

ROW(1:10) 建立 1 到 10 的序號，{1;2;3;4;5;6;7;8;9;10}。MID(C2,ROW(1:10),1) 是在這個字串中各取 1 個字元，{"5";"8";"0";"2";"7";"6";"";"";"";""}，這是將單一字串轉一欄或一列式的陣列。然後，lookup_value 是 2，從左邊開始算 2 在第 4 個位置。文字函數擷取數字都是文字，所以 lookup_value 需要搜尋文字時，數字前後要加雙引號，如 "2"。也可以在 MID 前加上 2 個負號，如 --MID，將文字型數字藉由負號來轉成數字，但數字是正數，所以必須再轉一次，2 個負號，負負得正。這種文字型數字可以透過四則運算轉成真正的數字，不一定要用 2 個負號來轉換，也可以用 +0、-0、*1 與 /1 的方式。

如果想要從右邊算起在第幾個位置時，也可以使用 MATCH 。

接下來，點選 D3。

```
MATCH(❸
    "2",
    MID(❷
        C2,
        LEN(C2)-ROW(1:10)+1,❶
        1
    ),
)
```

1. LEN(C2) 是判斷 C2 有幾個字元，然後減掉 ROW(1:10)，再加 1。6-{1;2;3;4;5;6;7;8;9;10}+1={6;5;4;3;2;1;0;-1;-2;-3}，本來是正序數，變成反序數。

2. 接下來，用 MID 取陣列的字，得到：

```
{"6";"7";"2";"0";"8";"5";#VALUE!;#VALUE!;#VALUE!;#VALUE!}
```

580276 字串反過來成為 672085。

3. 然後用 MATCH 找 2，答案是 3 倒數第 3 個位置。

當然，單獨使用 FIND 來尋找 2 倒數的位置不可行，所以我們可以利用另外一種方式，用總字數去減。E6 是：

```
LEN(C2)-FIND(2,C2)+1
```

LEN(C2) 是 6。FIND(2,C2) 是 4，6-4=2，再加 1 就等於 3。C2 字串不能有重複字元，不然會判斷錯誤。

02 找出字串中某字的位置

前一節尋找數字在字串的位置，這節我們繼續探討字串中的單位元組與雙位元組的位置判斷方式。

開啟「2.2 找出字串中某字的位置 .xlsx」。

	A	B	C	D	E	F
2		項目：	Apple是蘋果			
3						
4		問題：	找出字串中某字的位數			
5		解答：	6	<=第一個中文字位置		
6			8	<=最後一個中文字位置		
7			2	<=第二個英文字母位置		
8			5	<=最後一個英文字母位置		
9			4	<=倒數第一個英文字母位置		

C2 是「Apple 是蘋果」，我們要判斷英文字母與中文字的位置。

首先，第一個中文字位置，點選 C5。

```
MATCH(❸
    2,
    LENB(❷
        MID(C2,ROW(1:10),1)❶
    ),
    0
)
```

1. 使用 ROW(1:10) 來建立序號陣列，然後用 MID 取出 C2 字串的每一個字元，所以是 {"A";"p";"p";"l";"e";" 是 ";" 蘋 ";" 果 ";"";""}。

2. LENB 是可以判斷雙位元字集，中文是屬於雙位元，所以使用 LENB 得到以下結果。0 是無字，1 是英文字母，2 是中文字。如果用 LEN 的話就不會出現 2。

```
{1;1;1;1;1;2;2;2;0;0}
```

3. 接下來，我們用 MATCH 第一引數是 2 來查詢第 2 引數 LENB 的字串，第 3 引數是 0，表示要完全符合。

1	2	3	4	5	6	7	8	9	10
1	1	1	1	1	2	2	2	0	0

在第 6 個位置，所以答案是 6。

接下來，點選 C6。

```
LEN(C2)-❹
    MATCH(❸
    2,
    LENB(❷
        MID(C2,LEN(C2)-ROW(1:10)+1,1)❶
    ),
    0
) +1
```

1. C2 最後 1 個字是中文字，用 LEN(C2) 就可以得到 8，但後面如果還有英文字的話，顯然用 LEN 是無法正確判斷。LEN(C2)-ROW(1:10)+1，是 8-{1;2;3;4;5;6;7;8;9;10}+1，得到 {8;7;6;5;4;3;2;1;0;-1}，本來是正數成為倒數。所以 MID(C2,{8;7;6;5;4;3;2;1;0;-1},1)，就得到 {" 果 ";" 蘋 ";" 是 ";"e";"l";"p";"p";"A";#VALUE!;#VALUE!}。

2. 接下來，就如上面的方法，用 LENB 來判斷單或雙位元組，得到以下結果：{2;2;2;1;1;1;1;1;#VALUE!;#VALUE!}。

3. 然後用 MATCH 的 2 去搜尋，得到答案 1。

4. 最後 LEN 是 8，所以 8-1+1=8，答案是第 8 個位置是最後一個中文字。

接下來，點選 C7。

```
SEARCHB(find_text,within_text,[start_num])
SEARCHB(❷
    "?",
    C2,
    SEARCHB("?",C2)+1  ❶
)
```

1. LEN(C1)=8，而 LENB(C1)=11，也就是中文判斷為雙位元組，所以 3 個中文字代表 6 個位元組，再加上 5 個英文字母，答案是 11。這個公式 SEARCHB("?",C2)，是搜尋單位元組，因為 "?" 是萬用字元，代表 1 個字元，所以它無法找到雙位元組的中文字。因此，得到 1，也就是第 1 個字元是英文字母。SEARCH(B) 是可以使用萬用字元，FIND(B) 不行，所以你只能用 SEARCH(B) 函數來辨別單雙字元組。

2. 因為我們要找第二個，所以要再用 SEARCHB 找一次，第 3 引數 start_num 是從第幾位開始搜尋起。我們第一次找到第 1 個位置，所以要加 1，從第 2 個位置開始搜尋，p 也是單位元組，所以答案是 2，第二個英文字母位置是 2。

必須注意一點，如果 C2 是「我 Apple 是蘋果」，答案是 4，因為「我」字是雙位元組，所以第 2 個英文字母是第 4 個位置。

接下來，點選 C8，找尋最後一個英文字母位置。

```
LOOKUP(❸
    1,
    0/(LENB(❷
        MID(C2,ROW(1:10),1)❶
        )=1
    ),
    ROW(1:10)
)
```

1. MID 將字串一個字元一個字元拆解，ROW 是假設字串有 10 個字元，當然你可以用 ROW(INDIRECT) 來自動判斷儲存格字元數，2.6 節有詳細説明。

2. LENB 判斷雙位元組，取得 {1;1;1;1;1;2;2;2;0;0}，而 LENB(MID)=1 判斷是單位元組還是雙位元組，1 是單，2 是雙。得到 {TRUE;TRUE;TRUE;TRUE;TRUE;FALSE;

FALSE;FALSE;FALSE;FALSE}，然後再用 0 去除，得到 {0;0;0;0;0;#DIV/0!;#DIV/0!;#DIV/0!;#DIV/0!;#DIV/0!}。

3. 接下來 LOOKUP 的 lookup_value 是 1，以 1 去搜尋 lookup_vector 判斷是否符合，如果數字找不到就反應最後一個值。然後，result_vector 是 ROW(1:10) 所建立的 1-10 的序數，所以答案是 5，第 5 個位置是最後一個英文字母位置。

你也可以將 C2 改成「Apple 是 good 蘋果」，得到答案是 10。

接下來，點選 C9 來搜尋倒數第一個英文字母位置。

```
MATCH(❸
    1,
    SEARCHB(❷
        "?",
        MID(C2,LEN(C2)-ROW(1:10)+1,1)❶
    ),
    0
)
```

1. 依據上面所提，MID 公式是取正數變倒數的 1 個字元，所以得到
   {" 果 ";" 蘋 ";" 是 ";"e";"l";"p";"p";"A";#VALUE!;#VALUE!}。

2. 然後，SEARCHB 是搜尋字串的單字元組，得到 {#VALUE!;#VALUE!;#VALUE!;1;1;1;1;1;#VALUE!;#VALUE!}，無法找中文字，所以都顯示錯誤值。

3. 最後 MATCH 的 lookup_value 是 1，也就是用 1 去找 lookup_array，match_type 是 0 表示完全符合才是 TRUE，取得 4，表示第 4 個位置是倒數第一個英文字母的位置。

如果我們要找到第？個相同字的位置時，應該如何處理呢？

C11 的字串是「Apple-Orange-Banana-Kiwi-Pear」。

```
FIND(find_text, within_text, [start_num])
```

FIND 的第 3 引數是 start_num，意思是從幾個字元開始搜尋，FIND 基本上是從第 1 個字元開始搜尋。

```
FIND("-",C11,FIND("-",C11)+1)
```

start_num= FIND("-",C11)+1，這是找到第一個 "-" 之後，再加 1。所以答案是 6，加 1 等於 7。所以是從第 7 個「O」開始尋找。因此，整個公式是從第 7 個字元開始尋找 "-"。

```
FIND("-",C11,FIND("-",C11,FIND("-",C11)+1)+1)
```

這是找第 3 個，如果要找第 7 個或更多時，就會很麻煩，需要添加一個一個的 FIND 函數，所以也可以用這個公式：

```
SMALL(❸
    IF(❷
        "-"=MID(C11,ROW(1:30),1),❶
        ROW(1:30)
    ),
    3
)
```

這個公式透過 SMALL 的 k 就可以找到第 k 個的相同字元。

1. 判斷等於 "-" 的字元。

2. IF 的 logical_test 是 TRUE 就轉到 ROW 的序號。

3. SMALL 的 k=3 表示顯示從最小算起，第 3 個的數字，得到 20。

03 找出陣列最後一個值的位址

我們使用 MATCH 函數來判斷查閱值的位置。當然，MATCH 最主要是判斷單欄或單列陣列，因此，我們必須將字串轉成陣列型態。接下來，我們要說明如何找到查閱值的最後一個位置。

開啟「2.3 找出陣列最後一個值的位址 .xlsx」。

	A	B	C	D	E	F	G	H	I
2	項目：		小李	小王	小李	小李	小王	小王	小李
3			1	明天	%	7		#DIV/0!	7
4									
5	問題：		找出陣列最後一個值的位址						
6	解答：		$F$3	7					
7			$D$3	$I$3					

點選 C6。

```
ADDRESS(❷
    3,
    MATCH(,0/(C3:J3<>""))+2 ❶
)
```

1. 這個公式省略 2 個引數，通常 0 可以省略，但不是所有函數都可以，也不是只有 0。這裡第 1 引數 lookup_value 是 0 可以省略，而第 3 引數 match_type 是 1 可以省略。先取消 I3=7 的值，然後 C3:J3<>""，得到 {TRUE,TRUE,TRUE,TRUE, FALSE,#DIV/0!,FALSE,FALSE}。儲存格是空白 =FALSE，錯誤值還是顯示錯誤值，下一步用 0 去除，得到 {0,0,0,0,#DIV/0!,#DIV/0!,#DIV/0!,#DIV/0!}。MATCH 在 match_type=1 的條件之下，是模糊尋找，因此，我們用 0 去除就會得到 0 或錯誤值，形成多個 0，所以我們要了解在這麼多個 0 之下，如何找到它的正確位置。+2 是因為 C3 前面還有 2 格 A3 與 B3。

2. 接下來,用 ADDRESS 轉成儲存格的位址,答案是 F3。

然而,如果將 I3 輸入 7,它的結果並不是 I3,一樣是 F3。

項目:	小李	小王	小李	小李	小王	小王	小李
	1	明天	%	7		#DIV/0!	7

0/C3:J3<>"" 的結果是:

```
{0,0,0,0,#DIV/0!,#DIV/0!,0,#DIV/0!}
```

最後一個 0 是在第 7 個位置沒錯,但就是不會反應到 7,而是第 4 個。改成 0/
(C3:K3<>""),將判斷範圍延長,答案就是 I3。

為什麼呢?我們在後面會探討在模糊尋找之下,MATCH 的運作方法。

接下來,點選 C7 看看多一個條件之下的判斷。

```
ADDRESS (❸
    3,
    MATCH(,❷
        0/
        ((C3:J3<>"")*(C2:J2="小王"))❶
    )+2
)
```

1. (C3:J3<>"") 的 結 果 是 {TRUE,TRUE,TRUE,TRUE,FALSE,#DIV/0!,TRUE,FALSE}, 而
   (C2:J2=" 小王 ") 的結果是 {FALSE,TRUE,FALSE,FALSE,TRUE,TRUE,FALSE,FALSE}。
   2 公式的陣列相乘,得到 {0,1,0,0,0,#DIV/0!,0,0},再用 0 去除,得到 {#DIV/0!,0,
   #DIV/0!,#DIV/0!,#DIV/0!,#DIV/0!,#DIV/0!,#DIV/0!}。

2. 然後用 MATCH 的 lookup_value=0(省略)去搜尋這個陣列,取得 2 再加 2,
   就是第 4 個位置。

3. 接下來,用 ADDRESS 去轉換成儲存格位址是 D3。

MATCH 的搜尋順序是如何呢？

Match_type 是 0 的話，lookup_array 裡的字串要完全符合 lookup_value 才是 TRUE。match_type 為 1 或 -1 是大約符合尋找（模糊尋找），lookup_array 要排序，1 是由小到大排序搜尋，而 -1 是由大到小排序搜尋。

那麼，MATCH 是由上到下或由左到右的搜尋方式嗎？

C6 的 0/(C3:J3<>"") 公式得到 F3 的答案，但 I3 輸入 7，應該是 I3，結果一樣是 F3。一旦改成 0/(C3:K3<>"")，延長 1 格，答案就正確了。

MATCH(5,{2,4,6,8,10},1)，答案是 2，從小到大搜尋，反應 <=5 的最大值，4 是第 2 的位置。

MATCH(5,{10,8,6,4,2},-1)，答案是 3，從大到小搜尋，反應 >=5 的最小值，6 是第 3 的位置。

MATCH(5,{1,5,3,5,7},1)，答案是 4，明明 5 在第 2 個位置，為什麼是 4 呢？顯然地，假設 MATCH 的 match_type=1 或 -1，是由大到小或由小到大的搜尋順序是有問題的。

MATCH 在 match_type=1 或 -1 是二進位搜尋演算法（Binary Search Algorithm），它將整組資料切成兩等份，先搜尋一等份，找不到時，再將另外一等份切成兩等份搜尋，以此類推。

我們假設它的搜尋方式是：

如果有 5 筆資料，它從第 3 筆開始找，偶數 6 筆的話，也是從第 3 筆開始找。ROUND(n/2,0)，所以 ROUND (5/2,0)=3。

奇數			↓		
偶數			↓		
序號	1	2	**3**	4	5
值	1	5	**3**	5	7

這個公式 5>3，所以陣列後半段是 5,7，5 是後段第 1 個，是全部的第 4 個。如果是 MATCH(5,{1,5,3,9,7},1)，答案是第 3 位置，因為後半段是 9,7，2 個位置除以 2，等於 1，後半段第 1 個位置 9 是中間點，5<9，所以往前移，因此，會找到上一個，就是 3，第 3 個位置。

如果是 {1,5,3,7,9}，答案一樣是 3。而 {1,5,3,4,9} 的話，答案是 4，因為 4<5，所以會往下一個繼續搜尋，5<>9 且 5<9，因此找到上一個第 4 個，是 4。

假設是 MATCH(5,{1,5,5,9,7},1)，答案是 3，第 2 與 3 的位置都是 5，所以它是從中間第三個位置開始找，中間點 =lookup_value 就是答案。

如果是 MATCH(2,{3,5,5,9,7},1)，會產生錯誤值，因為根據搜尋方法，會來到第 1 筆 3，2<3 應該是前一個，但沒有前一個，所以返回 #N/A。

接下來，我們來看偶數筆數的比對狀況。

MATCH(5,{1,5,2,6,7,5},1)，陣列裡面第 2 與 6 的位置都是 5，但答案卻是第 3 位置的 2。搜尋方法的中間點是 ROUND(6/2,0)=3，以第 3 筆為判斷點。

序號	1	2	**3**	4	5	6	
值	1	5	**2**	6	7	5	❶

序號	1	2	3	4	**5**	6	
值			2	6	7	5	❷

序號	1	2	3	**4**	5	6	
值			2	6	7	5	❸

序號	1	2	**3**	4	5	6	
值			2				❹

1. MATCH 在模糊搜尋時，一共有 6 筆，所以從第 3 筆開始。

2. 第 3 筆是 Lookup_value =5>2，往後半段搜尋，搜尋第 4-6 筆的 6、7、5，中間點是第 5 筆，5<7，再往前移動。

3. 第 4 筆 5<6，再往前。

4. 答案就是第 3 筆，它的值是 2。

根據二進位搜尋法對半方式，能加快搜尋來提升效率，如果你有 1 萬筆，用遍歷法可能就要比對 1 萬次，用這種方法只要 log(10000,2)=13.28，也就是 14 次就夠了。所以根據這個狀況，match_type=1 或 -1 的模糊搜尋之下，我們可以整理如下：

1. 先判斷中間點的值，跟 lookup_value 比較。

2. lookup_value 比較大，就往後半段搜尋，比較小就往前半段（-1 是相反）。

3. 不管哪一半段，一樣找這半段的中間點做比較。

4. 重複前幾個步驟，直到找到為止。

5. 中間點的值 =lookup_value，就是答案，如果右格是一樣的，以相等數最後一格為止，如 MATCH(4,{3,7,3,7,4,4},1)，答案是 6。

6. 如果找到第 1 個位置時，它的值依然比 lookup_value 大就顯示錯誤值，如 MATCH(2,{3,5,5,9,7},1)。

7. 如果找到最後一個值比 lookup_value 小，就顯示最後一個位置，如 MATCH(8,{3,8,6,4,7},1)，答案是 5。

8. 如果是混合類型，就會忽略不同類型，移往下一格。

接下來，我們來看 n 是單數的搜尋方法。

```
MATCH(15,{2,20,3,5,16,100,14,43,30},1)
```

序號	1	2	3	4	**5**	6	7	8	9
值	2	20	3	5	**16**	100	14	43	30

❶

序號	1	**2**	3	4	5	6	7	8	9
值	2	**20**	3	5	16				

❷

序號	1	2	3	4	5	6	7	8	9
值	2								

❸

1. 先判斷中間點是 ROUND(9/2,0)=5，lookup_value=15<16，往前移。

2. 前半段是第 1-4 筆，中間點是 ROUND(4/2,0)=2，15<20。

3. 再往前比較，15>2，所以是第 1 筆。

然後，我們看看改變值的答案變動。

如果第 1 筆是 >15 的話，答案就是 #N/A。

第 5 筆是 15 的話，答案是 5，因為 15=15，第 6 筆是 15，答案是 6。

第 5 筆是 14 的話，答案是 7，比對後半段。

再進一步，將資料排序的話，lookup_value=15。

序號	1	2	3	**4**	5	6	7	8	9
值	2	3	5	**14**	16	20	30	43	100

答案如下：

	無排序	排序
Match	1	4
Lookup	2	14

接下來，解釋 C6 的案例，為什麼從 C3:J3 延伸到 C3:K3 答案就會不同？

0/C3:J3<>"" 的結果是：

```
{0,0,0,0,#DIV/0!,#DIV/0!,0,#DIV/0!}
```

但這個陣列有錯誤值，它的判斷方式是 TRUE>FALSE> 文字 > 數字 > 空格，忽略錯誤值（原則上只跟同型態比較，如數字與數字比較）。

序號	1	2	3	4	5	6	7	8
值	0	0	0	0	#DIV/0!	#DIV/0!	0	#DIV/0!

中間點是 8/2=4，第 4 筆的值是 0，lookup_value=0，所以 0=0 答案是 4。因此，C6 的答案是 F3。

如果是 0/C3:K3<>""，後延一格，結果是：

序號	1	2	3	4	5	6	7	8	9
值	0	0	0	0	#DIV/0!	#DIV/0!	0	#DIV/0!	#DIV/0!

中間點是 ROUND(9/2,0)=5，忽略 #DIV/0!，所以往後搜尋後半段，答案是 7。因此，C6 的答案變成 I3。

如果 lookup_value=1 的話，MATCH(1,0/(C3:J3<>""))，1>0，所以都是 7。

04 依照大小寫不同來搜尋資料

INDEX 常常跟 MATCH 搭配，它是很常用的函數，簡單且易懂，所以在搜尋資料方面是一個不錯的選擇。

它有以下兩種語法：

```
INDEX(array, row_num,[column_num])
INDEX(reference,row_num,column_num,[area_num])
```

array 是陣列，可以是單一直欄或橫列，也可以是二維矩陣。

row_num 是要從 array 取得值所需要的橫列數字。

[column_num] 是此引數可選擇性，可選擇填入或不填，從 array 取得值所需要的直欄數字。

reference 是參照範圍，可多區域範圍。

[area_num] 是此引數可選擇性，可選擇填入或不填，能在多區域選擇應用的區域。

開啟「2.4 依照大小寫不同來搜尋資料 .xlsx」。

	A	B	C	D	E	F
2		項目：	英文名	姓名	部門	職稱
3			John	歐洋豐	業務部	主任
4			Janet	李默籌	資訊部	經理
5			STEVEN	黃耀司	財務部	專員
6			Andy	章吾技	人資部	課長
7			Steven	段政存	物流部	專員
8			Alan	周博東	研發部	主任
9			Mary	周子偌	業務部	專員
10						
11		問題：	依照大小寫不同來搜尋資料			
12		解答：	英文名	姓名		
13			Steven	段政存		

首先，點選 D13。

```
INDEX(❸
    D3:D9,
    MATCH(❷
        TRUE,
        EXACT(C13,C3:C9),❶
        0
    )
)
```

1. EXACT(C13,C3:C9)，是判斷第 1 與 2 引數的陣列是否相同，而且區分大小寫。所以得到 {FALSE;FALSE;FALSE;FALSE;**TRUE**;FALSE;FALSE}，Steven 名稱跟 C3:C9 相互比對，第 3 筆是 STEVEN 也是錯誤，因為區分大小寫，所以只有第 5 筆才是正確。

2. MATCH 的 lookup_value=TRUE，而 match_type=0，判斷在 lookup_array 的位置，完全符合得到 5。

3. 接下來，INDEX 的 array= D3:D9 的第 5 筆是「段政存」。

如果你要顯示整筆資料，就要改變 array 的範圍，所以公式是：

```
INDEX(D3:F9,MATCH(TRUE,EXACT(C13,C3:C9),0),0)
```

INDEX 的 column_num 要填入 0，這表示整筆資料都要顯示，因此得到：

顯示整筆	段政存	物流部	專員

就如前面所説，INDEX 非常好用，易懂又快速能找到答案，在商業應用當中，常常出現與 MATCH 搭配，比 VLOOKUP 還好用。只要了解 MATCH 的應用方式，了解 INDEX 就沒什麼問題。

05 顯示每隔 2 年的銷售數據

參照或引用某個範圍有很多函數可以應用，而 INDIRECT 常常被使用，它的表示法比較多樣化，可以用 A1 樣式，也可以用 R1C1 樣式表示，還可以用文字串來轉參照範圍。

它的語法是：

```
INDIRECT(ref_text,[a1])
```

ref_text 是參照文字串。

[a1] 是參照類型的邏輯值，想要在 ref_text 以 A1 樣式表示，就用 1 或 TRUE；想要用 R1C1 樣式表示，就用 0 或 FALSE，1 可以省略，0 也可以省略，但前面的逗號不能省略。

開啟「2.5 顯示每隔 2 年的銷售數據 .xlsx」。

	B	C	D	E	F	G	H	I	J
2	項目：	門市	2015	2016	2017	2018	2019	2020	
3		抬氣店	23	28	48	28	38	75	
4		抬鏈店	54	58	34	35	35	89	
5		抬打店	48	35	51	49	39	68	
6									
7	問題：	顯示單數年數據							
8	解答：	門市	2015	2017	2019		2015	2017	2019
9		抬氣店	23	48	38		23	48	38
10		抬鏈店	54	34	35		54	34	35
11		抬打店	48	51	39		48	51	39

C2:I5 是各年度銷售業績，我們要取得單數年的銷售資料。

首先，點選 D9。

```
INDIRECT(❸
    "r"&ROW()-6&  ❶
    "c"&(4+(COLUMN()-4)*2),❷
    0
)
```

1. 第 1 引數的 "r"&ROW()-6，D9 是在第 9 列，9-6=3，所以這是 R3。

2. "c"&(4+(COLUMN()-4)*2，D 欄依照序號而言是 4，COLUMN()-4=0，4+0*2=4。

3. 第 2 引數 [A1] 是 0，表示是 R1C1 樣式，R=ROW，C=COLUMN，R1C1 是第 1 列與第 1 欄交集的儲存格。INDIRECT({"r3c4"},0)，大小寫均可，R3C4 是在 D3 的位址，值是 23。

接下來，往右拖曳複製，COLUMN()=5，4+1*2=6，所以乘於 2 是跳 2 格，因為我們要取單數年，所以要跳 2 格到 2017 年的銷售資料。這是 R3C6，儲存格資料是 48。

以此類推，拖曳複製整張表格，而往下複製時，並不需要乘於 2，因為它是所有門市的資料都要顯示。

INDIRECT 是參照儲存格資料非常有用的函數，以後我們還會有很多案例參考，能突破我們計算的想像。

接下來，也可以用我們學過的 INDIRECT 與 MATCH 的配合達到這個結果。點選 H9。

```
INDEX(❸
    $C$2:$I$5,
    MATCH($C9,$C$2:$C$5,0),❶
    MATCH(H$8,$C$2:$I$2,0) ❷
)
```

1. row_num 是 MATCH($C9,$C$2:$C$5,0)，依照 lookup_value=C9 來搜尋 C2:C5 的位置，答案是 2，在第 2 個。

2. column_num 是 MATCH(H$8,$C$2:$I$2,0)，依照 lookup_value=H8，用 2015 年度來搜尋 C2:I2 的位置，答案是 2，也是第 2 個。

3. INDEX 的 array 是 C2:I5 資料表。因此，在這 C2:I5 的第 2 欄與第 2 列的交集位置，就是 D3，答案是 23。

06 動態判斷儲存格字串個數

通常我們用 ROW(1:5) 來建立 1-5 的序號陣列,有時是計算儲存格的值;有時是參照某個範圍;有時是參照用。這個看似簡單,但那只是我們對簡單函數的認知,一旦我們要用組合函數或變動參照時,需要判斷儲存格的數目來決定計算的範圍或數字,此時就要用 INDIRECT 函數來產生變動參照。

開啟「2.6 動態判斷儲存格字串個數 .xlsx」。

	A	B	C	D	E
2		項目:	Amy	明天	Book
3					
4		問題:	動態判斷儲存格字串個數		
5		解答:	1	1	1
6			2	2	2
7			3		3
8					4

C2:E2 是不同的字元數字串,我們要根據這些字串的字元數來決定序數。這個範圍最多是 Book 有 4 個字元,所以通常我們會用 ROW(1:4) 來建立序數,但如果有非常多的儲存格或新增資料,將無法準確判斷最大的值,因此,我們常常給予一個比較大的值,如 ROW(1:100)。但是超過字串的最大字元數時,會產生錯誤值。

首先,點選 C5。

```
ROW(
    INDIRECT("A1:A"&LEN(C2))
)
```

INDIRECT 沒有第 2 引數表示 A1 樣式，所以第 1 引數是 "A1:A"&LEN(C2)。LEN(C2) 是判斷 C2 的字元數，答案是 3，所以就是 "A1:A3"，INDIRECT("A1:A3")。轉到 A1:A3 這個代號，就變成了 ROW(A1:A3)，所以是建立 1-3 的序數。接下來，往右 拖曳複製，就變動建立 1-2 與 1-4 的序數。

我們也可以用 LEN 計算儲存格字元數來讓數字倒轉：

```
LEN(C2)
    +1
    -ROW(
        INDIRECT("A1:A"&LEN(C2))
    )
```

這樣就建立了 {3;2;1} 的序數。

也可以將儲存格的值的位置倒轉：

```
T(
    INDIRECT("R2C"&8-COLUMN(C:E),)
)
```

INDIRECT 的第 2 引數省略 0，這是 R1C1 的樣式。COLUMN(C:E)= {3,4,5}，8- {3,4,5}= {5,4,3}。

所以就是 INDIRECT({"R2C5","R2C4","R2C3"},)。

R2C5=C2=Book

R2C4=D2= 明天

R2C3=E2=Amy

但這是 2D 型態，所以會產生錯誤值 #VALUE!。我們曾經說過要用 N 函數來轉數字，N 也可以顯示階層資料，而這是文字型需要用 T 函數來轉，所以在 INDIRECT 前面 多加一個 T 函數，就可以顯示文字資料。

07 根據選擇來合計營業額

SUMIF 有個強大運算能力，第 1 引數 range 原則上不能運算，但可搭配 INDEX、INDIRECT 與 OFFSET 進行範圍的標定。OFFSET 的跳格參照非常好用，還能搭配 SUMIF、SUBTOTAL 進行資料的運算。我們將 SUMIF 與 OFFSET 組合起來展現它們運算的超級能量。

OFFSET 的語法如下：

```
OFFSET(reference,rows,cols,[height],[width])
```

reference 是參照範圍，如果是單儲存格，會根據後面引數來移動位置或擴充範圍。如果是陣列，一樣根據後面引數，但這是整個範圍的移動，範圍變化也要參考 height 與 width。

rows 是根據 reference 上下移動，1 是向下 1 格，-1 是向上一格，0 是 reference 參照範圍的左上角第一格。

cols 是根據 reference 左右移動，1 是向右 1 格，-1 是向左一格，0 是 reference 參照範圍的左上角第一格。

height 是根據 reference、rows 與 cols，以數值來標定範圍高度。

width 是根據 reference、rows 與 cols，以數值來標定範圍寬度。

開啟「2.7 根據選擇來合計營業額 .xlsx」。

	A	B	C	D	E	F	G
2	項目：		區域	業務員	1月	2月	3月
3			台北	Amy	159	410	402
4			台中	Peter	98	216	298
5			台南	Sherry	260	310	302
6			高雄	Sandy	187	258	294
7			高雄	John	199	117	196
8			台北	Cindy	310	210	180
9							
10	問題：		根據選擇來合計營業額				
11	解答：		3月	台北			
12				582			

C1:G8 是業務員各月份的營業額，我們要來統計這些營業額。

首先，點選 D12。

```
SUMIFS( ❸
    OFFSET( ❷
        E2,
        1,
        MATCH(C11,E2:G2,0)-1, ❶
        6
    ),
    C3:C8,
    D11
)
```

1. MATCH(C11,E2:G2,0)-1 的 C11 是以完全符合 lookup_value=3 月來搜尋 E2:G2，答案是 3，扣掉 1 是 2，找到 3 月在範圍的位置。

2. 所以是 OFFSET(E2,1,2,6)，從 E2 參照位置開始，往下 1 格，往右 2 格，取高度 6 格，就是 {402;298;302;294;196;180}。

3. SUMIFS({402;298;302;294;196;180},C3:C8,D11)，sum_range={402;298;302; 294;196;180} 是加總的範圍。criteria_range1 是 C3:C8= {" 台北 ";" 台中 ";" 台南 "; " 高雄 ";" 高雄 ";" 台北 "}，criteria1 是 D11= 台北。因此，它可以找到兩筆資料，402 與 180，合計就是 582。

需注意 rows 與 cols 的移動點是 1 的話，是移動下面或右邊一格，而 height 與 width 的 1 是從本格開始標定範圍。

也可以用這個公式：

```
SUMIF(
    C3:C8,
    D11,
    OFFSET(E2,1,MATCH(C11,E2:G2,0)-1,6)
)
```

SUMIF 的 sum_range 是 OFFSET 的標定範圍，跟前一個的位置不一樣，但運算方式類似。用 MATCH 找到 C11 的位置，然後用 OFFSET 標定範圍，最後用 SUMIF 來計算這範圍的值。

另外，也可以用這種方式：

```
SUMIF(C2:C8,D11,G2)
```

range=C2:C8 是 {" 區域 ";" 台北 ";" 台中 ";" 台南 ";" 高雄 ";" 高雄 ";" 台北 "}。

criteria–D11 是台北。

sum_range=G2 是 3 月，它就會根據 3 月條件來計算下面的營業額。

08 計算個人的平均與最高成績

OFFSET 是標定範圍，要取得計算結果需要跟彙總函數配合。SUBTOTAL 能進行多種彙總計算，但一般而言，第 2 引數 ref 不能與其他函數使用，而一些參照函數卻可以。這節將使用 SUBTOTAL 配合 OFFSET 來計算標定範圍的值。

開啟「2.8 計算個人的平均與最高成績 .xlsx」。

	A	B	C	D	E	F	G
2		項目：	姓名	1月	2月	3月	
3			Amy	78	77	91	
4			Peter	68	85	90	
5			Sherry	91	70	84	
6			Sandy	87	79	76	
7			John	69	86	75	
8							
9		問題：	計算各人的平均與最高成績				
10		解答：	姓名	平均		>80數量	
11			Amy	82.0		4	
12			Peter	81.0			
13			Sherry	81.7		成績最高1	成績最高2
14			Sandy	80.7		Amy	Amy
15			John	76.7			Amy

C2:F7 是學生的各月考成績，我們要計算學生的平均數。

首先，點選 D11。

```
SUBTOTAL(
    1,
    OFFSET($C$2,ROW(1:5),,,3)
)
```

前面也曾經用過它們的組合函數，我們從裡面分析起。

OFFSET($C$2,ROW(1:5),,,3)，是從 C2 為起始點，rows= ROW(1:5)，表示建立 1 個 1-5 的直欄序數陣列，width=3，是向右延伸 2 格，所以這是 5×3 陣列，從 D3 到 F7 的範圍。SUBTOTAL 的 function_num=1 是 AVERAGE，因此，我們得到 D11:D15 個人的平均數。

這裡延伸出另外一個問題，為什麼它不是直欄的月份平均，而是橫列個人平均呢？

這個原因是要視使用 ROW 或 COLUMN 而定。

我們來計算各月平均，利用以下公式：

```
SUBTOTAL(1,OFFSET(C2,1,COLUMN(A:C),5))
```

得到 {78.6,79.4,83.2}，所以計算橫列是用 ROW，而直欄是用 COLUMN。

接下來，點選 F11，判斷平均 >80 的學生有幾位？

```
SUM(❹
    N(❸
        SUBTOTAL(❷
            1,
            OFFSET($C$2,ROW(1:5),1,,3)❶
        )>80
    )
)
```

1. OFFSET($C$2,ROW(1:5),1,,3) 會得到 D3:F7 的範圍。

2. 然後用 SUBTOTAL 的 function_num=1 來將個人成績平均，下一步判斷平均數是否 >80。取得 {TRUE;TRUE;TRUE;TRUE;FALSE} 一共有 4 個 TRUE，要加總 TRUE。

3. 所以使用 N 函數將 T/F 轉為數值。答案是 {1;1;1;1;0}。

4. 最後用 SUM 加總就可以知道有 4 位學生 Amy、Peter、Sherry 與 Sandy 達標，如果不用 N 函數的話，SUM 加總結果是 0。

接下來，點選 F14，我們來看看誰的總成績最高？

```
INDEX (❹
    C11:C15,
        MATCH (❸
            MAX (❷
                SUBTOTAL (❶
                    9,
                    OFFSET($C$2,ROW(1:5),1,,3)
                )
            ),
            SUBTOTAL (
                9,
                OFFSET($C$2,ROW(1:5),1,,3)
            )
            0,
        )
)
```

這個公式用到的函數我們都已經學過了，它的解讀順序如下：

1. 用 SUBTOTAL 與 OFFSET 取得各學生的總成績。

2. 用 MAX 找出最高分數。

3. 用 MATCH 判斷最高分數在總成績的位置。

4. 用 INDEX 來找到最高分數的姓名。

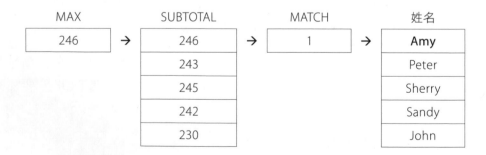

當我們進入進階函數時，就必須了解函數的組合應用才能應付高層次的問題。所以要知道如何階段性從裡到外的解讀公式，才能了解如何靈活應用進階函數。

當然，還有一個比較簡單的公式，點選 G14。

```
INDEX(❹
    C3:C7,
        RIGHT(❸
            MAX(❷
                SUBTOTAL(❶
                    9,
                    OFFSET($C$2,ROW(1:5),1,,3)
                )+
                ROW(1:5)/10
            )
        )
)
```

1. SUBTOTAL 得到是 {246;243;245;242;230}，這個跟上面公式的差異是多一個 ROW(1:5)/10，它會得到 {0.1;0.2;0.3;0.4;0.5}，兩公式相加，取得 {246.1;243.2; 245.3;242.4;230.5}。這個意思是將序號放在小數點後面，那麼，找到最高值也會找到序號，下一步將序號取出來。

2. 用 MAX 找到最高分數 (246.1) 後，接下來要將姓名顯示出來。

3. 使用 RIGHT 將序號 (246.1 的 1) 取出來，第 2 引數省略就是取 1 個字元。

4. 然後應用 INDEX(C3:C7,"4") 找出最高分數第 1 位的姓名，第 1 位就是 Amy。

如果名單很長超過 10，ROW(1:5)/10 改成 ROW(1:5)/100，RIGHT 的第 2 引數填入 2，就可以擷取 1-99 的序數。

09 個人分數 大於等於 60 的平均

如果要排除某些分數或根據某些條件來平均分數有幾種方法，可以一個一個平均，也可一起計算。通常會利用 AVERAGE 函數，而這節將使用 AVERAGEIF 與 OFFSET 組合來計算平均。

開啟「2.9 個人分數大於等於 60 的平均 .xlsx」。

	A	B	C	D	E	F	G
2	項目：		姓名	分數_1	分數_2	分數_3	分數_4
3			A	86	85	55	70
4			B	69	52	76	62
5			C	57	78	63	52
6							
7	問題：		各人分數>=60的平均				
8	解答：		姓名	平均分數			
9			A	80.3			
10			B	69.0			
11			C	70.5			

首先，點選 D9。

```
AVERAGEIF(
    OFFSET(C2,ROW(1:3),1,,4),
    ">=60"
)
```

AVERAGEIF 跟 AVERAGE(IF()) 的組合函數類似，可以用條件來排除某些資料後，加以平均。如果你了解 SUMIF，就不會對 AVERAGERIF 的語法感到陌生。

C2:G5 是個人分數表，根據上一節說明可以了解 OFFSET(C2,ROW(1:3),1,,4) 是建立一個 3×1×4(高度 × 寬度 × 深度) 的立體陣列，ROW 表示橫列計算，所以經過 AVERAGEIF 運算之後，它的答案是 3×1 的陣列。

AVERAGEIF 的第二引數是 >=60，排除不及格的分數，所以會得到下面這張表，將小於 60 的數值排除。

分數 _1	分數 _2	分數 _3	分數 _4
86	85		70
69		76	62
	78	63	

←ROW 橫列計算平均

然後，個人分數平均，得到 80、69 與 70.5。

當然，你也可以一個一個計算，如：

```
AVERAGEIF(D3:G3,">="&60)
```

這是直接平均第 3 列並排除 60 分以下。

或者，用這個組合函數也可以，如：

```
AVERAGE(IF(D3:G3>=60,D3:G3))
```

IF 可以轉變陣列的值，IF(D3:G3>=60,D3:G3)，是將原始 D3:G3 進行改變，把大於 60 以上留下來，從 {86,85,55,70} 轉成 {86,85,FALSE,70}，然後再平均取得答案。

10 找出不連續資料的所有登記人

OFFSET 用跳格方式形成資料範圍是很強大的功能，有些需求要將這資料內容串接一起，串接方法可以用 & 或 CONCATENATE 函數，可惜的是，無法用在陣列串接。另外一個是 PHONETIC 函數，但是它只用在文字類型，而且只能陣列，不能有任何函數，所以要配合 OFFSET 資料串接只能用輔助欄位或新函數，如 CONCAT、TEXTJOIN 或 ARRAYTOTEXT。

開啟「2.10 找出不連續資料的所有登記人 .xlsx」。

	A	B	C	D	E	F	G	H	I	J	K
2		項目：	工具登記								
3			登記人	借用時間	歸還時間	登記人	借用時間	歸還時間	登記人	借用時間	歸還時間
4			Amy	1月5日	1月10日	Peter	2月1日	2月6日	John	2月3日	2月10日
5											
6		問題：	找出不連續資料的所有登記人								
7		解答：	登記人：	Amy Peter John			Amy Peter John				
8			Amy		Amy Pete	Amy Peter John					

首先，點選 C8。

```
B8&" "& ❹
    T(❸
        OFFSET(❷
            $B4,,
            (COLUMN(A1)-1)*3+1 ❶
        )
    )
```

1. OFFSET 的 cols 是 (COLUMN(A1)-1)*3+1，COLUMN(A1)=1，(1-1)*3+1=1。 然後跳到 D8，(COLUMN(B1)-1)*3+1，(2-1)*3+1=4。

2. OFFSET 的 rows 省略，所以從 B4 往右跳 1、4、7 格，中間隔 2 格，來到 C4、F4、I4。

3. 用 T 函數將文字內容顯示。

4. 最後用 B8&" " 串接前面字串並留空格,所以到 E8= Amy Peter John。

當然,D7=E8 就可以了,但是如果有許多列,資料不一定是在範圍的最後一個儲存格,顯然這個簡單方法是有問題的。

先來說明 MATCH(1,{3,4,5,6,7}) 這個公式。根據上次所學的 MATCH 搜尋方法,我們來複習一下。

序數	1	2	3	4	5	
資料	3	4	5	6	7	❶

序數	1	2	3	4	5	
資料	3	4	5			❷

序數	1	2	3	4	5	
資料	←#N/A					❸

1. 中間點是 5/2=2.5,四捨五入就是 3。lookup_value=1 比 5 小,所以在左邊。

2. 判斷序數 1-2 的中間點,2/1=1。

3. 1 比 3 小,再往左,左邊沒有資料,MATCH 在模糊尋找時,是顯示上一格,可是無資料,就是錯誤值 #N/A。

以此類推,MATCH(10,{3,4,5,6,7}),lookup_value 比較大的數字,會返回最後一個位置,第 5 個位置,也就是 7。

接下來看看 D7 是:

```
INDEX(❷
    C8:E8,
    MATCH(CHAR(6^6),C8:E8,1) ❶
)
```

這個函數的 C8:E8 是：

序數	1	2	3
資料	Amy	Amy Peter	Amy Peter John

1. 因為資料是文字型態，要比對的不再是數字型態，文字是用 ANSI 字元集來進行比對，而 CHAR(6^6) 在字元集裡是很大的代碼，轉換成文字之後會比較小的代碼還大。通常英文字母會比較小，中文字比較大，一般而言，中文筆劃比較多，代碼就越大，但不是絕對，可以用 CODE 函數判斷大小。所以根據上面說明，CHAR(6^6) 大過所有值，使用 MATCH 會返回 3。

2. 再用 INDEX 將 C8:E8 的第 3 個的值，Amy Peter John 顯示出來。

也可以用這個函數去找最後一個值。

```
LOOKUP("龜",C8:E8)
```

用代碼比較大的文字或用 CHAR 函數通通可以。

較新的函數 CONCAT 與 TEXTJOIN 能串接陣列的資料，舊版可以到 EXCEL ONLINE 或 GOOGLE SHEETS 測試。

```
CONCAT(T(OFFSET(B4,,(ROW(1:5)-1)*3+1))&" ")
```

CONCAT 將 OFFSET 的標定範圍直接串接一起。

而 TEXTJOIN 比較多樣化：

```
TEXTJOIN(" ",,T(OFFSET(B4,,(ROW(1:5)-1)*3+1)))
```

也是同樣性質，第 1 引數 delimiter 是字串之間的分隔字元，第 2 引數 ignore_empty 是判斷是否忽略空格，第 3 引數 text1 是儲存格資料。

另外，也可以用：

```
ARRAYTOTEXT(T(OFFSET(B4,,(ROW(1:5)-1)*3+1)))
```

原理跟上面一樣，而第 2 引數 format 是 0 等於精簡，可以省略以逗號為分隔符號，1 等於嚴格多個大括號。

11 計算每日盈虧

數字累積加總有很多方法，這次我們使用 SUBTOTAL 和 OFFSET 進行二欄位相減，同時陣列累計加總。

開啟「2.11 計算每日盈虧 .xlsx」。

	B	C	D	E	F	G	H
2	項目：	日期	營收	費用		營收	費用
3		6月1日	100	50		100	-50
4		6月2日		30			-30
5		6月3日	253	150		253	-150
6		6月4日	269			269	
7		6月5日	300	450		300	-450
8							
9	問題：	計算每日盈虧					
10	解答：	日期	盈虧1	盈虧2		盈虧3	
11		6月1日	50	50		50	
12		6月2日	20	20		20	
13		6月3日	123	123		123	
14		6月4日	392	392		392	
15		6月5日	242	242		242	

表中 C2:E2 是各日期的營收與費用，我們要進行營收減掉費用，並往下累計數值。

首先，點選 D11。

```
SUBTOTAL(
    9,
    OFFSET(D3,,,ROW(1:5))      ←左邊營收累計金額
)-
SUBTOTAL(
    9,
    OFFSET(D3,,1,ROW(1:5))     ←右邊費用累計金額
)
```

左邊營收累計金額扣掉右邊的費用累計金額就會取得各日期的盈虧。

在上一章已經說明累計運算，OFFSET(D3,,,ROW(1:5) 是整個營收的陣列，透過 SUBTOTAL 累計，而 OFFSET(D3,,1,ROW(1:5)) 是整個費用的陣列，也是透過 SUBTOTAL 累計。

營收	費用	營業 - 費用	累積
100	50	50	50
	30	-30	20
253	150	103	123
269		269	392
300	450	-150	**242**

接下來，點選 E11。

```
MMULT(❸
    SUBTOTAL(❷
        9,
        (
            OFFSET(D3,,{0,1},ROW(1:5))❶
        )
    )*{1,-1},
    {1;1}
)
```

其中，OFFSET(D3,,{0,1},ROW(1:5)) 標定的立體範圍，就是 D3:E7 陣列以平面製成下表：

營收合計	6月1日	6月2日	6月3日	6月4日	6月5日
100	100				
100	100				
353	100		253		
622	100		253	269	
922	100		253	269	300

費用合計					
50	50				
80	50	30			
230	50	30	150		
230	50	30	150		
680	50	30	150		450

OFFSET 的 cols={0,1}，0 是營收範圍，1 是向右移一格成為費用範圍。其原理可以參考 1.8 節說明。

當你選擇 OFFSET() 並按 F9，就會看到以下結果：

`{100,50;#VALUE!,#VALUE!;#VALUE!,#VALUE!;#VALUE!,#VALUE!;#VALUE!,#VALUE!}`

顯示兩個數值，其他都是錯誤值，這是因為它是多維度資料，所以會顯示錯誤值，但不會影響 SUBTOTAL 的計算。

SUBTOTAL 合計的結果是 {100,50;100,80;353,230;622,230;922,680}，我們將它表格化如右：

營收	費用
100	50
100	80
353	230
622	230
922	680

這是各自累計，必須將營收欄減掉費用欄，所以再乘上 {1,-1}，如此，營收欄是正數，而費用欄是負數。

營收	費用
100	-50
100	-80
353	-230
622	-230
922	-680

最後，要將兩欄相加，使用上一章曾經說明過的 MMULT，SUBTOTAL 計算之後，是 5×2 陣列，我們預計是橫列相加，所以放在第 1 引數，而第 2 引數要放 2×1 的陣列，就是 {1;1}。如此，得到 E11:E15 答案。

array1		array2	結果
100	-50	1	50
100	-80	1	20
353	-230		123
622	-230		392
922	-680		242

然而，也可以將費用標上負號，就如 H3:H7。

點選 G11。

```
INDEX(❸
    SUBTOTAL(❷
        9,
        OFFSET(G3,,,ROW(1:5),COLUMN(A:B)) ❶
    )
    ,,2
)
```

我們利用這個公式來計算 G:H 的營收與費用。

1. OFFSET(G3,,,ROW(1:5),COLUMN(A:B))，它一樣會建立立體參照範圍，跟上面一樣的陣列。

2. 經過 SUBTOTAL 計算之後，得到：

100	50
100	20
353	123
622	392
922	242

3. 第 1 欄是累計，第 2 欄是相加後的結果累計，此時，我們只要擷取第 2 欄的資料即可，所以使用 INDEX 函數。INDEX({100,50;100,20;353,123;622,392;922,242},,2) 取第 2 欄的資料，第 2 引數 row_num 省略或 0，而 cols_num 是 2 表示擷取第 2 欄整欄。

12 使用萬用字元查閱資料

找對資料是 Excel 的重要功能，我們要用 VLOOKUP 來查詢資料，它簡單又容易使用。本節將用此函數配合萬用字元及一些特殊的用法，進行資料比對。

VLOOKUP 的語法如下：

```
VLOOKUP(lookup_value,table_array,col_index_num,[range_lookup])
```

lookup_value 是查閱值。

table_array 是表格陣列。

col_index_num 是要參照的直欄，以數字表示。

range_lookup 是 0 的話，陣列資料完全符合查閱值、或 1 大約符合 (模糊尋找) 查閱值，可省略。

開啟「2.12 使用萬用字元查閱資料 .xlsx」。

	A	B	C	D	E	F	G
2		項目：	編號	訂單日期	業務員	產品	銷售量
3			200103-01	2020/1/3	周子偌	電視機	900
4			200103-02	2020/1/3	歐洋豐	冰箱	50
5			200103-03	2020/1/3	段政存	洗衣機	120
6			200104-01	2020/1/4	章吾技	烘乾機	900
7			200104-02	2020/1/4	歐洋豐	冷氣機	270
8							
9		問題：	使用萬用字元搜尋				
10		解答：	冷氣		270		
11					270		
12					120		
14					歐洋豐	270	2020/1/4
16					訂單日期：	2020/1/3	

C2:G7 是產品銷售資料,我們要從產品來搜尋銷售量,也要反向查詢資料。例如:用業務員來查詢訂單日期,這個功能在新函數 XLOOKUP 就可以輕鬆達成,而 VLOOKUP 需要用一點技巧。

首先,點選 E10。

```
VLOOKUP(C10&"*",F3:G7,2,0)
```

C10 是 lookup_value= 冷氣,在陣列 F3:G7 查詢冷氣在第幾個位置,並連動 G 欄顯示銷售量的值。

F 欄是第 1 欄,G 欄是第 2 欄,所以第 3 引數 col_index_num=2 表示查閱第 2 欄 G 欄範圍,第 4 引數 range_lookup=0 表示 lookup_value 完全符合 G 欄的值才是 TRUE,因為 C10&"*" 是「冷氣 *」,表示 G 欄的字串只要符合前面 2 個字「冷氣」都是符合準則。VLOOKUP 只能顯示第 1 筆資料,找到答案是 270。

接下來,點選 E11。

```
VLOOKUP("冷氣*",F3:G7,2,0)
```

lookup_value=" 冷氣 *",表示可以直接在雙引號內使用萬用字元,其他同上。

然後,點選 E12。

```
VLOOKUP("?衣?",F3:G7,2,0)
```

萬用字元最常用的是 * 與 ?,? 代表 1 個字,所以 lookup_value="? 衣 ?",表示查 3 個字,中間一個字是衣,其他 2 個字是什麼都可以。

接下來,點選 E14。

```
VLOOKUP(❷
    $C10&"*",
    CHOOSE({1,2,3,4},$F3:$F7,$E3:$E7,$G3:$G7,$D3:$D7),  ❶
    COLUMN(B1),
    0
)
```

1. 使用 CHOOSE 來重新排列陣列的順序。它的語法是

```
CHOOSE(index_num, value1, [value2], ...)
```

這是根據第 1 引數的 index_num 來決定第幾個 value，所以第 1 個是 F3:F7，依序是 E、G 與 D 欄（產品、業務員、銷售量、訂單日期）。

2. VLOOKUP 的 lookup_array=CHOOSE，它的第 1 欄產品欄比對第 1 引數 table_value=" 冷氣 *"，第 3 引數是 COLUMN(B1)=2，因此，它會顯示 F 欄產品是冷氣的 E 欄業務員，第 4 引數 range_lookup=0，完全符合，所以答案是歐洋豐。

下一步，點選 F16。

```
VLOOKUP(❷
    "段政存",
    IF({1,0},E3:E7,D3:D7), ❶
    2,
    0
)
```

1. 這個公式跟上面的意思是類似的，用 {1,0} 將陣列欄位調換，畢竟 VLOOKUP 是向右查詢，想要向左查詢可以用 IF 或 CHOOSE 函數。本來陣列是 D3:E7，執行這個公式之後，調換，得到的答案是：

周子偌	2020/1/3
歐洋豐	2020/1/3
段政存	2020/1/3
章吾技	2020/1/4
歐洋豐	2020/1/4

2. 把姓名欄調到前面，日期欄放在後面，這樣 lookup_value 就會比對姓名欄，並反應到日期欄，因為第 3 引數是 2，而且要第 4 引數是 0 完全符合條件才是 TRUE。求得答案段政存的訂單日期是 2020/1/3。

13 顯示儲存格裡的第一個數字

VLOOKUP 在陣列查閱時，是很好用的函數，但它也可以跟 MID 配合在字串搜尋查閱值。我們學過單一數字在字串的搜尋方法，用 SEARCHB("?") 來判斷數字的位置，但這有個弊端，一旦數字前面有單字元組時，會找到那個字元，而用 VLOOKUP 就不會有這個問題。

開啟「2.13 顯示儲存格裡的第一個數字 .xlsx」。

	A	B	C	D
2	項目：		資料	解答
3			明天是第123天	1
4			50小時後	5
5			明天(三)最大是6	6
6				
7	問題：		顯示儲存格裡的第一個數字	

C 欄是資料，我們要從這些資料找到第 1 個數字。

首先，點選 D3。

```
VLOOKUP(❸
    0,
    MID(❷
        C3,
        ROW(INDIRECT("1:"&LEN(C3))),❶
        1
    )*{0,1},
    2,
)
```

1. ROW(INDIRECT) 是配合各儲存格字元數來變動標定範圍，前面已經說明過。所以 C4:C6 會得到：

```
{1;2;3;4;5;6;7;8}
{1;2;3;4;5}
{1;2;3;4;5;6;7;8;9}
```

2. MID(C3,{1;2;3;4;5;6;7;8},1) 是將 C3 字串一個字一個字的拆開成陣列,結果是 {" 明 ";" 天 ";" 是 ";" 第 ";"1";"2";"3";" 天 "}。接下來要乘上 {0,1},得到 8×2 陣列,結果如下:

#VALUE!	#VALUE!
#VALUE!	#VALUE!
#VALUE!	#VALUE!
#VALUE!	#VALUE!
0	1
0	2
0	3
#VALUE!	#VALUE!

   文字乘上數字 =#VALUE!,0 乘上任何數都是 0,1 乘上任何數都是任何數,除 0 以外,結果如表格。

3. 最 後 用 VLOOKUP 以 lookup_value=0 來 查 詢,col_index_num=2,range_lookup=0(省略),所以答案是 1。

通常 VLOOKUP 面對同樣字串時,會以第 1 個為標準,只能顯示 1 個值。

我們也可以用 SEARCHB("?",C3) 來判斷單位元是在第幾個位置,但在 C5 裡,數字之前有「(」的單位元組符號存在,所以 SEARCHB("?",C5) 就會找到「(」的位置,這樣就不準確了。

14 找出最接近目標值的數字

根據上面說明，我們知道模糊搜尋通常會找到上一個值，而不是最靠近的值。單純用查閱函數並無法滿足需求，所以可以利用 LOOKUP 與 FREQUENCY 來解決這個問題。

LOOKUP 是一個謎樣的函數，有人一直搞不懂它的用法，它有些搜尋原則就跟 MATCH 的模糊搜尋類似。

```
LOOKUP(lookup_value,lookup_vector,[result_vector])
LOOKUP(lookup_value,array)
```

lookup_value 是查閱值。

lookup_vector 是搜尋向量範圍。

result_vector 是在 lookup_vector 找到值之後，反應到第 3 引數。

array 是陣列型態，在陣列第 1 欄找到之後，反應到最後 1 欄。

開啟「2.14 找出最接近目標值的數字 .xlsx」。

	A	B	C	D	E	F	G
2		項目：	5	8	6	7	9
3							
4		問題：	6.99 找出最接近目標值的數字				
5		解答：	7				

C2:G2 是資料，在 C4 輸入數字來判斷比較靠近 C2:G2 的哪個數字。

首先，點選 C5。

```
LOOKUP (❷
   ,
   0/
      FREQUENCY(0,ABS(C2:G2-C4)),❶
   C2:G2
)
```

1. ABS 的 C2:G2-C4 是各資料的數字扣掉輸入值，可以決定哪一個比較小。得到 {-1.99,1.01,-0.99,0.00999999999999979,2.01}，但陣列中的值有正有負，所以使用 ABS 取絕對值，從這個結果我們可用 LOOKUP 與 FREQUENCY 函數來判斷最小值。FREQUENCY 的 data_array=0，判斷 0 在合計的位置，因為 data_array 只有 1 個 0，所以區間合計個數也是只有 1 個。得到 {0;0;0;1;0;0}。因此，取得它在第 4 個位置，接下來用 0 去除，得到：

序數	數值	Frequency		0/Frequency
1	5	0		#DIV/0!
2	8	0		#DIV/0!
3	6	0		#DIV/0!
4	**7**	**1**	→	**0**
5	9	0		#DIV/0!
6		0		#DIV/0!

2. 使用 LOOKUP，lookup_value=0(省略) 來查詢第 4 個位置，LOOKUP 是顯示值，所以必須反應到 result_vector= C2:G2 相對位置上。C2:G2 的第 4 個位置是 7，最接近 6.99 的值，C4=6.1，答案是 6。

如果直接用 FREQUENCY，而不用 0 去除，C4=6.99 的結果是 6，而不是 7。LOOKUP 是模糊尋找，跟 MATCH、VLOOKUP 的搜尋原理一樣，後面 2.16 節會詳細說明。

當然，你也可以用這個公式：

```
INDEX(❸
   C2:G2,
      MAX(❷
```

```
    IF(❶
        FREQUENCY(0,ABS(C2:G2-C4)),
        ROW(1:5)
    )
    )
)
```

1. 用 IF(FREQUENCY) 會得到以下結果：

logical_test	value_if_true	結果
0	1	FALSE
0	2	FALSE
0	3	FALSE
1	4	4
0	5	FALSE
0		FALSE

2. 然後，用 MAX 找到最大值是 4。

3. 接下來用 INDEX 顯示 C2:G2 的第 4 個位置是 7。

或是也可以用這個公式：

```
INDEX(❸
    C2:G2,
        MATCH(❷
            MIN(ABS(C2:G2-C4)),❶
            ABS(C2:G2-C4),
            0
        )
)
```

1. MIN 是找到絕對值相差最小的值，結果是 0.0099999999999979。

2. 然後，用 MATCH 查詢這個值在 ABS(C2:G2-C4) 的位置，答案是 4。

3. 最後，用 INDEX 顯示 C2:G2 的第 4 個位置是 7。

15 求數據最大的地區

求最大值通常會用 MAX 或 LARGE 函數，這次我們用 LOOKUP 配合 FREQUENCY 來找出數據最大的地區。

開啟「2.15 求數據最大的地區 .xlsx」。

	B	C	D
2	項目：	地區	數據
3		台北	30
4		桃園	45
5		台中	26
6		台南	37
7		高雄	40
8			
9	問題：	求數據最大的地區	
10	解答：	地區	
11		桃園	桃園

C:D 是地區與數據，希望找到最大數據的地區。

首先，點選 C11，公式如下：

```
LOOKUP(❷
    ,
    0/
        FREQUENCY(-9^9,-D3:D7),❶
    C3:C7
)
```

1. FREQUENCY 的兩個引數的值都加上負號，得到結果如下：

data_array		bins_array		結果
-387420489	→	-30	→	0
		-45		**1**
		-26		0
		-37		0
		-40		0
				0

表示找到第 2 位是最大值。

如果我們用正數去找，FREQUENCY(9^9,D3:D7)，會得到以下結果：

data_array	bins_array	結果
387420489	30	0
	45	0
	26	0
	37	0
	40	0
		1

這個意思是 9^9 的值非常大，已經超過陣列裡面所有的值，所以顯示在最後一個。因此，我們不能用正數來找最大值。-D3:D7 是 {-30;-45;-26;-37;-40}，我們用 -99 去比對區間時，它不會掉到最後一個超出陣列最大值，所以它會判斷最小值是哪一個，答案是第 2 個。

2. 接下來，用 0 去除，得到以下結果：

序數	0/FREQUENCY		地區
1	#DIV/0!		台北
2	**0**	→	**桃園**
3	#DIV/0!		台中
4	#DIV/0!		台南
5	#DIV/0!		高雄
6	#DIV/0!		

第 2 個是 0，然後就是 LOOKUP(,{#DIV/0!;0;#DIV/0!;#DIV/0!;#DIV/0!;#DIV/0!},C3:C7)。

找到 C3:C7 的第 2 個是桃園。

當然，你也可以用以下這個方法，點選 D11。

```
LOOKUP(,
    0/
        (MAX(D3:D7)=D3:D7),
    C3:C7
)
```

其中，MAX(D3:D7)=D3:D7，得到：

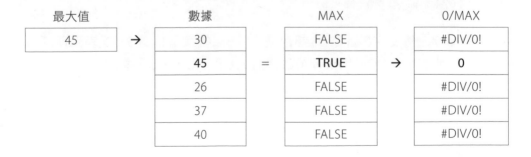

最大值		數據		MAX		0/MAX
45	→	30		FALSE		#DIV/0!
		45	=	**TRUE**	→	**0**
		26		FALSE		#DIV/0!
		37		FALSE		#DIV/0!
		40		FALSE		#DIV/0!

在 D3:D7 裡第 2 個 TRUE 是最大值，然後用 0 去除，得到上表。

最後用 LOOKUP 以 0 找陣列裡的 0，反應到 C3:C7 的第 2 個是桃園。

16 再深入了解查閱與參照函數

了解查閱與參照基本原理之後，我們繼續探討 LOOKUP、VLOOKUP、MATCH 的模糊運作方法，並整理這些參照函數適當的應用時機。

開啟「2.16 再深入了解查閱與參照函數 .xlsx」。

	A	B	C	D	E	F	G	H	I
2		項目：	小李	小王	小李	小李	小王	小王	小李
3			1	明天	%	7		#DIV/0!	5
4									
5		問題：	找出陣列最後一個值的位址						
6		解答：	$F$3		7				

在 2.3 節的案例中，我們使用 MATCH，這次用 LOOKUP，它是顯示資料的值，所以將 I3 改為 5，跟 F7=7 不一樣。首先，點選 C6 與 E6。

```
ADDRESS(3,MATCH(,0/(C3:J3<>""))+2)
LOOKUP(,0/(C3:J3<>""),C3:J3)
```

答案是 F3 與 7。然後將 2 個 C3:J3 都改成 C3:K3，答案是 I3 與 5。這表示兩種方法是一樣的模糊搜尋，LOOKUP 跟 MATCH 的 match_type=1 是一樣的。

接下來，我們用 LOOKUP、HLOOKUP 的 range_lookup=1 與 MATCH 的 match_type=1 看看它們之間的差異性。還有 2.3 節的案例在於陣列間的數字搜尋，這次使用混合型態來解釋它們的運作方式。

	L	M	N	O	P	Q	R	S	T	U	V	W	X
2	序號	No.1	No.2	No.3	No.4	No.5	No.6	No.7	No.8	No.9	No.10	No.11	No.12
3	資料	3	TRUE	明天	8	0	6	FALSE	TRUE	10	0	明天	8
4													
5	搜尋												
6	8												
7													
8	LOOKUP	VLOOK	MATCH 1										
9	No.6	No.6	No.6										

首先，輸入以下公式：

```
L9=LOOKUP(L6,M3:X3,M2:X2)
M9=HLOOKUP(L6,IF({1;0},M3:X3,M2:X2),2,1)
N9=INDEX(M2:X2,MATCH(L6,M3:X3,1))
lookup_value=L6=8
```

這是比對的狀況：

序號	No.1	No.2	No.3	No.4	No.5	**No.6**	No.7	No.8	No.9	No.10	No.11	No.12
資料	3	TRUE	明天	8	0	**6**	FALSE	TRUE	10	0	明天	8	❶

序號	No.1	No.2	No.3	No.4	No.5	No.6	No.7	No.8	**No.9**	No.10	No.11	No.12
資料						6	FALSE	TRUE	**10**	0	明天	8	❷

序號	No.1	No.2	No.3	No.4	No.5	No.6	~~No.7~~	~~No.8~~	No.9	No.10	No.11	No.12
資料						6	~~FALSE~~	~~TRUE~~					❸

序號	No.1	No.2	No.3	No.4	No.5	No.6	No.7	No.8	No.9	No.10	No.11	No.12
資料						6							❹

1. 中間點是 No.6=6(12/2)，8>6，所以往右，在後半段。

2. 後半段的中間點是 No.9=10，8<10，所以往左。

3. 剩下 2 個 No.7 與 No.8，FALSE 與 TRUE 不是數字，所以忽略，往左 1 格。

4. 答案就是 No.6=6。

一
般
參
照

L9:N9 都是 No.6，O9=#N/A，MATCH(-1) 和 MATCH(1) 剛好相反，8>6 是在前半段，然後一直比對之後，到達 No.1=3，而 8>3 又往前一格，但前面沒有了，所以產生錯誤值。

如果將 lookup_value 改成 6 是 No.6=6，答案一樣，將 No.5 的值改成任何值，答案都不會變，表示在 lookup_value= 中間點的值，它不會往左比對。

同樣道理，No.7 或其他值更改也不會改變。所以 lookup_value= 中間點的值就是那個答案。

Lookup_value=11 時，答案是 No.12 位置 8。

步驟						1			2			3
序號	No.1	No.2	No.3	No.4	No.5	No.6	No.7	No.8	No.9	No.10	~~No.11~~	**No.12**
資料	3	TRUE	明天	8	0	6	FALSE	TRUE	10	0	~~明天~~	8

根據上面例題說明，比對之後，答案應該是 No.10，但卻是 No.12。問題出在第 3 步驟 No.11 的明天，我們前面曾提過雖然 TRUE>FALSE> 文字 > 數字 > 空格，但是各類型各自比較，忽略不同類型，所以往後一格，11>8，答案是 No.12。

步驟						1			2	4		3
序號	No.1	No.2	No.3	No.4	No.5	No.6	No.7	No.8	No.9	**No.10**	~~No.11~~	No.12
資料	3	TRUE	明天	8	0	6	FALSE	TRUE	10	0	~~明天~~	13

如果 No.12 的值改為 13 的話，11<13 須往前 1 格，但忽略 No.11，又往前 1 格，答案就是 No.10。

接下來，我們將 No.6 的值改成錯誤值，以及 No.7-9 改成 6、11、15，看看它的變化。

lookup_value=7

序號	No.1	No.2	No.3	No.4	No.5	~~No.6~~	**No.7**	No.8	No.9	No.10	No.11	No.12	
資料	3	TRUE	明天	8	0	~~#DIV/0~~	6	11	15	0	明天	8	❶

序號	No.1	No.2	No.3	No.4	No.5	No.6	No.7	No.8	No.9	**No.10**	No.11	No.12	
資料							6	11	15	0	明天	8	❷

序號	No.1	No.2	No.3	No.4	No.5	No.6	No.7	No.8	No.9	No.10	~~No.11~~	**No.12**	
資料										0	~~明天~~	8	❸

序號	No.1	No.2	No.3	No.4	No.5	No.6	No.7	No.8	No.9	**No.10**	No.11	No.12	
資料										0			❹

1. 錯誤值會忽略，中間點本來是 No.6，跳過去到下一個成為 No.7，lookup_value=7，7>6，所以是後半段。No.5 的資料輸入任何值都不會改變答案，所以中間點是 No.7。

2. 中間點是 No.10=0，7>0，所以往右移動。

3. 中間點本來是 No.11= 明天，跳過去並移到 No.12，7<8，所以往左移動。

4. 答案是 No.10=0。

但 lookup_value=9，答案不一樣，到最後中間點是 No.12，9>8，所以答案是 No.12。

下一步，lookup_value 用文字來搜尋陣列。

步驟		3		2		1						
序號	No.1	**No.2**	No.3	No.4	No.5	No.6	No.7	No.8	No.9	No.10	No.11	No.12
資料	3	二天	1	前天	後天	今天	FALSE	天氣	10	0	明天	8

lookup_value= 三天，文字方式是用 CODE 轉換第 1 個文字的字碼來比較大小。如果第 1 個字相同，就以第 2 個字比較，以此類推。「三」的字碼是 42068，而「今」是 42165，與「前」是 43877 都大於「三」，而「二」小於「三」，所以答案是 No.2。

如果 lookup_value= 一天，答案是錯誤值 #N/A!。3< 一天 < 二天，原則上應該是 No.1，但會忽略不同類型，沒有 No.1 的前一個，所以答案是錯誤值。

如果 lookup_value= 後天，在後半段，答案是 No.11。後天 > 明天 >8，原則上是 No.12，但值是 8，忽略不同類型，所以是 No.11。

前面說過二進位搜尋演算法比遍歷法還更有效率，如果有1萬筆資料，log(10000,2)=13.28，只要進行14次就可以找到答案。但從上面的案例操作可知答案可能不適合，效率增加，也有可能不適當，所以模糊搜尋最好能排序。當然你也可以用2.14節的方法找到最靠近的值。

至於精確部分，MATCH與VLOOKUP或HLOOKUP可以選擇1或0模式，找出部分符合或完全符合的值。而LOOKUP是只有一個選擇，就是進行模糊搜尋，所以要用：

```
E6=LOOKUP(,0/(C3:K3<>""),C3:K3)
```

可參考2.13節的解釋。

用模糊搜尋方法，找到資料之後，如果查閱值等於資料會顯示當前格，不然會顯示上一格，如果要顯示下一格應該如何處理呢？請看下面說明。

查閱與參照函數的功能實在太過強大，種類雖然不多，但功能複雜，常常讓人搞不清楚什麼狀況要用什麼函數。

下表是常用函數的功能整理。

	垂直查詢	水平查詢	左向查詢	交叉查詢	上向查詢	插入刪除	返回下格	返回多值
LOOKUP	✓	✓	✓		✓			
VLOOKUP	✓							
VLOOKUP MATCH	✓			✓		✓		
HLOOKUP		✓						
HLOOKUP MATCH		✓				✓		
VLOOKUP IF			✓					
INDEX MATCH	✓	✓	✓		✓	✓		
INDEX 2 MATCH				✓		✓		

	垂直查詢	水平查詢	左向查詢	交叉查詢	上向查詢	插入刪除	返回下格	返回多值
OFFSET MATCH	✓	✓	✓		✓	✓		
OFFSET 2 MATCH				✓	✓			
MAX IF FREQUENCY							✓	
MIN IF ROW							✓	
INDEX SMALL IF								✓
Filter								✓

上表左側項目比較深色的是查閱與參照函數，下表比較淺色的不是，但它也能執行搜尋功能並彌補上表的不足。

- 垂直查詢：LOOKUP、VLOOKUP…都有此功能，如工作表 2 的
  C12=LOOKUP(B10,B2:B6,C2:C6)

- 水平查詢：HLOOKUP、INDEX MATCH…等可以適用這個功能，如
  D13=INDEX(B7:G7,,MATCH(C10,B2:G2,0))。

- 左向查詢：一般而言，VLOOKUP 是右向查詢，lookup_value 比對陣列第 1 欄，然後向右找出適當欄位。而左向查詢需要一點技巧，如 C14=VLOOKUP(10,IF({1,0},D3:D6,B3:B6),2,0)。
  VLOOKUP(CHOOSE) 也是可以左向查詢。當然新函數 XLOOKUP 上面查詢方法都可以應用。

- 交叉查詢：陣列的垂直與水平交集，所得到的值，如
  C15=OFFSET(A1,MATCH(B10,B2:B7,0),MATCH(C10,B2:G2,0))。

- 上向查詢：VLOOKUP 是往下查詢資料，OFFSET 可以往上面的欄位查詢，如
  D16=OFFSET(A2,,MATCH(15,B6:F6,0))。

- 插入刪除：一般而言，計算範圍的中間欄位刪除或插入時，會影響答案，而MATCH 能動態反應實際狀況，不受影響。如 D2:D7(芭樂) 的資料刪除，右側儲

存格左移，本來是 MATCH(C10,B2:G2,0) 成為 MATCH(C10,B2:F2,0)，但 C15 答案一樣是 7。

● 返回下格：在模糊尋找時，範圍中會以上一格的值為答案，如 lookup_value=30，在 26 與 42 之間，答案是 26。我們可以用 FREQUENCY 來解決，答案是下一格，如 C17=MAX(IF(FREQUENCY(30,G3:G6),ROW(1:4)))。

● 返回多值：以上的方法，答案都是 1 個值，如果要多值的話，就如 C18=INDEX(B$3:B$6,SMALL(IF(C$3:C$6>8,ROW($1:$4)),ROW(A1)))。如果能使用新函數就比較簡單，如 D18=FILTER(B3:B6,C3:C6>8)。

查閱與參照函數功能是非常有用與常用的解決方法，精通這幾個函數，再配合彙總函數幾乎能解決一般的問題。它的搜尋方式確實有點難，但只要精通這一節，其他就比較容易融會貫通。

下一章開始，我們要應用上面所學的函數加以精進，學習如何解決一般辦公室常見的資料處理問題。

條件式參照

這章我們將討論條件式的查閱或參照函數的計算,將應用前兩章所學導入案例當中。條件式通常是 IF、SUMIF、COUNTIF…之類,或是邏輯判斷返回 TRUE 或 FALSE 來決定執行哪些條件。使用 COUNTIF 判斷兩個符合的準則,SUMPRODUCT 進行相乘後相加。

本章重點

01 計算服務窗口客戶的平均人次

計算客戶平均流量的方法是 1 個員工服務客戶算 1 次，若同一位客戶同一天來的次數有多人服務就平均。我們將使用 COUNTIFS 與 SUMPRODUCT 來計算平均來客人次。

開啟「3.1 計算服務窗口客戶的平均人次 .xlsx」。

	A	B	C	D	E	F
2	項目：		日期	客戶	服務窗口	費用
3			2021/6/3	A	Amy	10
4			2021/6/3	A	Ander	20
5			2021/6/3	B	Robert	35
6			2021/6/3	B	Amy	45
7			2021/6/4	C	Ander	81
8			2021/6/4	C	Amy	22
9			2021/6/5	D	Robert	19
10			2021/6/6	D	Robert	65
11			2021/6/7	D	Ander	25
12			2021/6/7	E	Ander	33
13						
14	問題：		計算服務窗口客戶的平均人次			
15	解答：		服務窗口	客戶流量		
16			Amy	1.50		
17			Ander	3.00		
18			Robert	1.50		

C2:F12 是服務人員服務客戶的統計，以此表來計算客戶來店平均人次。

首先，點選 D16。

```
SUMPRODUCT(❹
    1/❷
        COUNTIFS(❶
            C$3:C$12,
            C$3:C$12,
            D$3:D$12,
            D$3:D$12
        )
    *(E3:E12=C16)❸
)
```

1. COUNTIFS 是計算個數，這個公式是計算兩個欄位與兩個條件，因為同樣客戶同天來的次數有多人服務就平均，所以要判斷同一天客戶來幾次。criteria_range1 這一組是計算相同日期次數，criteria_range2 是計算相同客戶的次數，我們不能把這兩組分開。前面曾經提過 COUNTIFS 的準則是 AND 的關係，所以要合併來看這兩組的條件，例如：6/3 的 A 有 2 次，6/3 的 B 也有 2 次…因此，得到 {2;2;2;2;2;2;1;1;1;1}。從而得知 6/3 客戶 A 來 2 次，另外 6/5 客戶 D 來 1 次。

日期	日期次數		客戶	客戶次數		日期 + 客戶	次數
2021/6/3	4		A	2		A	2
2021/6/3	4		A	2			2
2021/6/3	4		B	2		B	2
2021/6/3	4		B	2			2
2021/6/4	2		C	2		C	2
2021/6/4	2		C	2			2
2021/6/5	1		D	3		D	1
2021/6/6	1		D	3			1
2021/6/7	2		D	3			1
2021/6/7	2		E	1		E	1

2. 1/COUNTIFS 是計算不管同一天客戶來幾次，都算 1 次，結果是 {0.5;0.5;0.5;0.5;0.5;0.5;1;1;1;1}，如客戶 A 在 6/3 來 2 次，被 1 除後變 2 個 0.5，相加就是 1 次。

3. SUMPRODUCT 的第 2 引數 E3:E12=C16，服務窗口 =Amy，得到 {**TRUE**;FALSE;FALSE;**TRUE**;FALSE;**TRUE**;FALSE;FALSE;FALSE;FALSE}，有 Amy 是 TRUE，沒 Amy 是 FALSE。

4. SUMPRODUCT 是陣列相乘後相加，計算之後就會得到 Amy 服務的客戶平均流量是 1.5 人。

array1	array2	1*2
0.5	TRUE	**0.5**
0.5	FALSE	0
0.5	FALSE	0
0.5	TRUE	**0.5**
0.5	FALSE	0
0.5	TRUE	**0.5**
1	FALSE	0
1	FALSE	0
1	FALSE	0
1	FALSE	0

02 計算各車牌的第一次與最後一次差額里程

兩項相差常常用A項減B項的方法，這個方法要先計算（或找到）A項，再計算（或找到）B項，然後相減。這節我們將利用 IF、QUARTILE 找到最高與最低的數值，然後透過 MMULT 相減得到答案。

QUARTILE 是四分位數，將陣列的數值以中位數（非平均數）的方法分成四等份，改良的函數是 QUARTILE.EXE 與 QUARTILE.INC。

語法如下：

```
QUARTILE(array,quart)
```

array 是陣列。

quart 是以數值代表等份的位置，0-1、1-2、2-3 與 3-4 是分別代表第 1、2、3 與 4 等份的所有數值。但這個函數不是返回某等份所有數值，而是以這 5 個數字 0-4 代表該等份，所以 0 代表陣列裡最小數值，1 代表第 1 四分位數，2 代表中位數（第 2 四分位數），3 代表第 3 四分位數，4 代表最大值（第 4 四分位數）。

類似函數如 MIN=quart(0)、MEDIAN= quart(2)、MAX=quart(4)。

開啟「3.2 計算各車牌的第一次與最後一次差額里程 .xlsx」。

	B	C	D	E	F	G	H	I	J	K
2	項目：		3月1日		3月2日		3月3日		3月4日	
3		車牌	加油	里程	加油	里程	加油	里程	加油	里程
4		X-1234	100	24681	0	0	130	24915	0	0
5		Y-4567	0	0	148	36540	150	37005	210	38458
6		Z-7890	0	0	0	0	220	89541	235	91200
7										
8	問題：	計算各車牌的第一次與最後一次差額里程								
9	解答：	車牌	首尾里程差	加油合計						
10		X-1234	234	230						
11		Y-4567	1918	508						
12		Z-7890	1659	455						

C2:K6 是各車牌的各日期加油量與行駛里程，要統計各車牌第一次與最後一次的里程差距與加油量。

首先，點選 D10。

```
MMULT(❸
    QUARTILE(❷
        IF(❶
            $D4:$K4*
            ($D$3:$K$3=E$3),
            $D4:$K4
        ),
        {0,4}
    ),
    {-1;1}
)
```

1. 在 IF 的 logical_test 是第 4 列的數值與第 3 列 =「里程」為 TRUE 時相乘，之後返回里程的值，其他都是 0。然後，IF 的 logical_test 的值非 0 時執行第 2 引數 $D4:$K4，答案是：

判斷里程	FALSE	TRUE	FALSE	TRUE	FALSE	TRUE	FALSE	TRUE
里程	0	24681	0	0	0	24915	0	0
IF	FALSE	24681	FALSE	FALSE	FALSE	24915	FALSE	FALSE

如果 IF 省略的話，就是只有 $D4:$K4*($D$3:$K$3=E$3)，答案是上表中間里程那一列。省略 IF 會把 0 當成最小值，所以計算之後，答案會不一樣。

2. QUARTILE 的第二引數 quart={0,4})，求得答案是 {24681,24915}，QUARTILE 的 quart=0 是返回最小值 24681，而 quart=4 是返回最大值 24915。QUARTILE 會省略 FALSE，所以用 IF 將 0 轉為 FALSE。

3. 接下來，要將最大值扣掉最小值，因為答案是陣列值，所以要用陣列公式處理。{24681,24915} 是橫列，放在 MMULT 的第 1 引數，第 2 引數則需要直欄 {-1;1}。

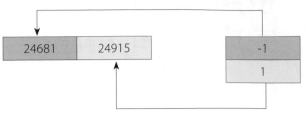

這就是 SUM(-24681,24915)=234

除了 QUARTILE 以外，有個類似函數 PERCENTILE，第 2 引數 k 是介於 0-1 之間，表示它是以比例來返回陣列的值。而 QUARTILE 的 quart=1 就是 k=25%，2 就是 50%，4 就是 100%(1)。所以 QUARTLIE 換成 PERCENTILE(IF($D4:$K4*($D$3:$K$3=E$3),$D4:$K4),{0,1})，答案一樣。

當然，用 MAX-MIN 也是可行。

```
MAX(
    IF($D4:$K4*($D$3:$K$3=E$3),$D4:$K4)
)
-
MIN(
    IF($D4:$K4*($D$3:$K$3=E$3),$D4:$K4)
)
```

IF 公式跟上面一樣，將 0 轉為 FALSE，所以 MIN 就會忽略 FALSE，取得答案也是一樣。

最後計算加油量，點選 E10。

```
SUM(($D$3:$K$3=D$3)*D4:K4)
```

第 3 列等於「加油」乘上第 4 列數值，再加總即可得到答案。

03 依照出席天數與完成件數取得應得獎金

依照兩個條件給予獎勵金，兩個條件要同時達到才能取得，否則以最低條件為標準計算獎勵金。我們將使用 N 來轉換數值，MMULT 計算陣列、FREQUENCY 判斷位置與 LOOKUP 來取得應得的獎勵金。

開啟「3.3 依照出席天數與完成件數取得應得獎金 .xlsx」。

	A	B	C	D	E	F
2		項目：	出席天數	完成件數	獎金	
3			150	2500	35000	
4			140	2000	25000	
5			130	1800	20000	
6			120	1500	15000	
7			100	1000	10000	
8						
9		問題：	依照出席天數與完成件數取得應得獎金			
10		解答：	姓名	出席天數	完成件數	應得獎金
11			Peter	145	2450	25000
12			Amy	160	1500	15000
13			John	125	2100	15000

C2:E7 是獎金計算表格，C10:E13 是個人工作狀況。

首先，點選 F11。

```
LOOKUP(❹
    0,
    0/FREQUENCY(❸
        2,
        MMULT(❷
            N(❶
                D11:E11-C$3:D$7>=0
            ),
```

```
        {1;1}
        )
    ),
    E$3:E$7
)
```

1. N 函數裡面有 >=0，凡是有判斷式都會產生 TRUE 或 FALSE，所以透過 N 轉成 1 或 0。MMULT 只能計算數值，其他不接受。D11:E11-C$3:D$7 是計算個人的出席天數與完成件數與標準的差距，然後用 >=0 來判斷是否達成，透過 N 轉換數值，取得 5×2 的陣列。

>=0 判斷		N(>=0)		MMULT
FALSE	FALSE	0	0	0
TRUE	TRUE	1	1	2
TRUE	TRUE	1	1	2
TRUE	TRUE	1	1	2
TRUE	TRUE	1	1	2

2. 接下來，需要用到 MMULT，5×2 陣列與第 2 引數 {1;1} 計算。

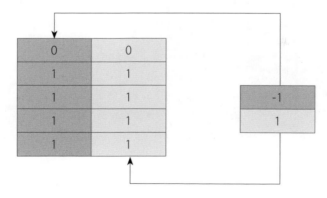

這是橫列相乘相加，所以是 0*1+0*1=0，然後是 1*1+1*1=2…。得到 {0;2;2;2;2}。

3. 然後，用 FREQUENCY 的 data_array=2 計算在陣列的筆數，因為只有 1 個數字，返回也是 0 與 1。FREQUENCY(2,{0;2;2;2;2})={0;1;0;0;0;0}，1 在第 2 個，也就是 Peter 的工作狀況滿足獎勵表的第 2 階水準。下一步，用 0 去除，返回 {#DIV/0!;0;#DIV/0!;#DIV/0!;#DIV/0!;#DIV/0!}。

4. 最後，我們要將第 2 階的獎金，反應到 E 欄的獎金階級。所以用 LOOKUP 的 lookup_value=0 去找 0，是在第 2 個，E 欄獎金的第 2 個是 25000。

FREQUENCY		0/FREQUENCY		獎金
0		#DIV/0!		35000
1	→	0	→	25000
0		#DIV/0!		20000
0		#DIV/0!		15000
0		#DIV/0!		10000
0		#DIV/0!		

Amy 出席天數是 145，原則上是 25000 獎金，但完成件數只有 1500，是以最低條件為標準，就是 15000。John 也是一樣，最低條件得到的獎金也是 15000。

04 取得兩個城市的距離

根據條件來計算兩個值之間的差距，可以一個一個計算，也可以透過陣列公式
處理。這次我們一樣使用 MMULT，也新增一種觀念用 IF 轉換陣列，然後，用
MATCH 取得位置，OFFSET 動態標定範圍。

開啟「3.4 取得兩個城市的距離 .xlsx」。

	A	B	C	D	E	F	G	H
2		項目：	地區	路程				
3			台北	30				
4			桃園	60				
5			台中	150				
6			台南	300				
7			高雄	350				
8								
9		問題：	取得兩個城市的距離					
10		解答：		台北	桃園	台中	台南	高雄
11		台北		0	30	120	270	320
12		桃園		30	0	90	240	290
13		台中		120	90	0	150	200
14		台南		270	240	150	0	50
15		高雄		320	290	200	50	0

C2:D7 是假設台灣一些都市路程，C 欄是各地區，D 欄是路程。C10:H15 是各市計
算表，市對市的距離矩陣。

首先，點選 D11。

```
ABS (❻
    MMULT (❺
        N (❹
            OFFSET (❸
                $D$2,
                    MATCH (❷
                        IF({1,0},D$10,$C11),❶
                        $C$3:$C$7,
                    ),
                )
            ),
            {1;-1}
        )
)
```

1. 首先要建立 2 個儲存格的陣列，包含開始地與結束地，這樣才能計算兩個儲存格 (兩地) 的差距。C11 與 D10 都是台北，在向右拖曳複製時，C11 與 E10 是台北與桃園，向下拖曳複製會產生桃園與台北。我們用 IF 的第 1 引數 logical_test={1,0}，將第 2、3 引數轉為陣列 {" 台北 "," 台北 "}。

2. MATCH({" 台北 "," 台北 "},$C$3:$C$7,)，判斷 lookup_value={" 台北 "," 台北 "} 在 $C$3:$C$7 的位置，必須完全符合。選擇 MATCH()，按 F9 顯示 {1,1}。

3. 接下來用 OFFSET 標定範圍，OFFSET($D$2,{1,1},) 的第 1 引數 reference=D2 這個位置，第 2 引數 rows={1,1}，所以向下移動 1 格到 D3，答案是 {30,30}。

4. 因為這是陣列，如果直接用 OFFSET 答案是 #VALUE!，所以需要用 N 來 2D 轉 1D，這才是 {30,30}。

IF	台北	台北
MATCH	1	1
OFFSET	30	30

5. 下一個是 MMULT({30,30},{1;-1})，回到陣列計算。

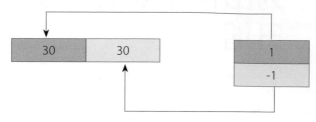

形成 SUM(30,-30)=0。

6. ABS(0)=0，因為相差距離不會有負數，而公式里程數字相減可能有負號產生，所以使用絕對值，讓負數成為正數。D12 是台北與桃園距離，所以是 SUM(30,-60)=-30，ABS({-30})=30。

05 列出代號頭文字為 D 的日期

在 1.3 節曾經介紹合計以第一個字母為條件的個數,最主要是探討 COUNTIFS 的多 criteria 準則是 AND 或 OR 的關係。這次將說明取出資料的第 1 個字母並顯示其他相對欄位的值,IF 有很大功用是將資料轉換或替代其他資料。在此,要將符合條件的值轉換序數,並用 SMALL 由小到大擷取資料,然後用 OFFSET 標定範圍顯示。

開啟「3.5 列出代號頭文字為 D 的日期 .xlsx」。

	B	C	D	E
2	項目:	資料	格式代號	
3		05-Feb-21	D1	
4		aaa	G	
5		2月6日	D3	
6		123	G	
7		TRUE	G	
8		Feb/21	D2	
9		#DIV/0!	G	
10		2.22	F2	
11		03/07/21	D1	
12				
13	問題:	列出代號頭文字為D的日期		
14	解答:	日期_1	日期_2	
15		2021/2/5	2021/2/5	
16		2021/2/6	2021/2/6	
17		2021/2/7	2021/2/7	
18		2021/3/7	2021/3/7	

C2:D11 是資料表,判斷 D 欄的第 1 個字母是否為 D,然後顯示 C 欄相同位置的資料。

首先，點選 C15。

```
OFFSET(❸
    C$2,
    SMALL(❷
        IF(❶
            LEFT(D$3:D$11)="D",
            ROW($1:$9)
        ),
    ROW(A1)
    ),
)
```

1. IF 的第 1 引數 logical_test 是用 LEFT 取 D 欄字串的第 1 個判斷是否為 D，是的話，轉為 ROW 序數，得到：

取頭文字		是否 =D		陣列轉換
D		TRUE		1
G		FALSE		FALSE
D		TRUE		3
G		FALSE		FALSE
G	→	FALSE	→	FALSE
D		TRUE		6
G		FALSE		FALSE
F		FALSE		FALSE
D		TRUE		9

2. SMALL 將 IF 所取得的陣列由小到大取值，取第一個，得到 1，依序是 3、6、9 等數字。

3. OFFSET 的 第 1 引 數 reference=C2，從這格開始跳格並標定範圍，OFFSET(C$2,{1},)={44232}，轉為日期格式是 2021/2/5。

當然也可以用 INDEX，點選 D15

```
INDEX(
    C$3:C$11,
    SMALL(IF(LEFT(D$3:D$11)="D",ROW($1:$9)),ROW(A1))
)
```

SMALL 得到的結果跟上面一樣，INDEX 的 C$3:C$11 是 C 欄資料，根據 SMALL 所取得的數值來決定 INDEX 擷取的資料。

06 顯示第 x 次是 OK 的時間

這個議題看似簡單，其實不然，如果能用輔助欄的確不困難。假設這次我們要用一條公式來解決這個問題時，就要用到 OFFSET。它可以建立二、三維陣列，再用 COUNTIF 進行階層計算，然後，MATCH 找到位置，INDEX 取得資料。

開啟「3.6 顯示第 x 次是 OK 的時間 .xlsx」。

	A	B	C	D	E	F
2		項目：	時間	成功		
3			09:10	OK		
4			09:25	NG		
5			10:31	OK		
6			10:58	OK		
7			11:14	NG		
8			11:55	NG		
9			12:34	OK		
10			12:57	OK		
11						
12		問題：	顯示第	3	次是OK的時間	
13		解答：	位置	時間		
14			4	10:58		
15				10:58		

C 欄是時間，D 欄是成功狀況，想要知道第 x 次 OK 的時間為何。

首先，點選 C14。

```
MATCH(❸
    $D$12,
    COUNTIF(❷
        OFFSET(❶
            D3,,,
            ROW(1:8)
```

```
    ),
        "OK"
    ),
    0
)
```

1. 在 1.8 節的累積加總曾解釋 OFFSET 的 2D 組織狀況，那次是用 SUBTOTAL 與 OFFSET 組合應用，但是 SUBSTOTAL 只能計算數字型態，這次要計算文字型態。OFFSET(D3,,,ROW(1:8)) 會建立 2D 的陣列，單獨執行這個公式會得到錯誤訊息 #VALUE!，所以文字型態要用 T 函數轉換，T(OFFSET(D3,,,ROW(1:8)))= {"OK";"OK";"OK";"OK";"OK";"OK";"OK";"OK"}，只會取得第 1 層資料，後層資料如下表並無法顯示。

1	OK							
1	OK	NG						
2	OK	NG	OK					
3	OK	NG	OK	OK				
3	OK	NG	OK	OK	NG			
3	OK	NG	OK	OK	NG	NG		
4	OK	NG	OK	OK	NG	NG	OK	
5	OK	NG	OK	OK	NG	NG	OK	OK
	1	2	3	4	5	6	7	8

2. COUNTIF 是條件式計算次數，它跟 SUBTOTAL 都可以計算 2D 陣列，COUNTIF 有個優點是可以根據第 2 引數的 criteria 準則條件來計算符合條件的值。當我們選擇 OFFSET 並按 F9，就會顯示 COUNTIF({"OK";"OK";"OK";"OK";"OK";"OK";"OK";"OK"},"OK")，當然就如前所述只能看到第 1 層，但計算之後會顯示全部層次的結果，所以這個答案是 {1;1;2;3;3;3;4;5}，符合「OK」都會統計個數，就如上表左邊第 1 欄的數值。

3. 然後，使用 MATCH 來搜尋 3 在第幾個位置，MATCH($D$12,{1;1;2;**3**;3;3;4;5},0)= 4，第 4 個位置。

接下來，點選 D14。

```
INDEX(C3:C10,C14)
```

用 4 來取得時間 C3:C10 的第 4 位置 =10:58。

當然也可以用 INDEX 與 MATCH，將 INDEX 的第 2 引數 row_num 帶入 C14 的公式，得到這個公式：

```
INDEX(C3:C10,MATCH($D$12,COUNTIF(OFFSET(D3,,,ROW(1:8)),"OK"),0))
```

答案一樣是 10:58。

07 刪除範圍裡的空白並以直欄列出名稱

INDIRECT 與 INDEX 都可以顯示儲存格的值，這個題目是個陣列，我們要將它以直欄式一個一個的列出是有點難度，所以需要轉換為座標值，再根據數值取出資料。IF 將字串位置轉座標，SMALL 依序取值，TEXT 轉數字為 R1C1 樣式，最後 INDIRECT 取得 R1C1 樣式的資料。

開啟「3.7 刪除範圍裡的空白並以直欄列出名稱 .xlsx」。

	A	B	C	D	E	F
2		項目：	Amy			Sherry
3				Sam	May	
4			John	Robert		
5				Ander		Joan
6						
7		問題：	刪除範圍裡的空白並以直欄列出名稱			
8		解答：	Indirect法	Index法		
9			Amy	Amy		
10			Sherry	Sherry		
11			Sam	Sam		
12			May	May		
13			John	John		
14			Robert	Robert		
15			Ander	Ander		
16			Joan	Joan		

C2:F5 是資料表格，要將儲存格去除空白的資料依序列出。

首先，點選 C9。

```
INDIRECT (❺
    TEXT (❹
        SMALL (❸
            IFERROR (❷
                --IF (❶
                    C$2:F$5<>"",
                    ROW($2:$5)&COLUMN($C:$F),
                    ""
                ),
                ""
            ),
            ROW(A1)
        ),
    "!r0c0"),
)
```

1. IF 是將字串轉座標值，logical_test=C$2:F$5<>"" 是判斷是否有字串。是的話，轉到 ROW($2:$5)&COLUMN($C:$F)，建立座標式 4×4 陣列。

23	24	25	26
33	34	35	36
43	44	45	46
53	54	55	56

   為了配合 INDIRECT 的 R1C1 樣式，所以採取 ROW&COLUMN 的方法。轉換之後，黑色字有資料，灰色字則無資料。

2. IFERROR 改變錯誤值內容，在 IF 的第 3 引數是兩個雙引號 ""，空白格一樣是空白格，IF 前面加上 -- 時，空白會轉成錯誤值 #VALUE!，此時，用 IFERROR 再轉成空白。這是配合 SMALL，如果不用 IFERROR 時，最小值會是 0，就會顯示錯誤。另外一個方法是 IF(C$2:F$5<>"",--(ROW($2:$5)&COLUMN($C:$F)))，直接將文字型數值轉為數字型就不需要用 IFFEROR。

23	FALSE	FALSE	26
FALSE	34	35	FALSE
43	44	FALSE	FALSE
FALSE	54	FALSE	56

3. SMALL 將顯示表格裡最小的數值，第 2 引數 k=ROW(A1)=1，取第 1 小的字串，往下拖曳複製時，就是第 2 小的字串，以此類推。它會忽略 FALSE 與空白格。

4. 接下來，用 TEXT 將座標值轉為 R1C1 樣式，第 2 引數 format_text= "!r0c0"，! 是強制符號，強制顯示 r，因為 r 在 TEXT 裡代表民國紀元的意思，所以需要強制顯示 r。0 代表顯示原來的數值，c 代表原來的 c，所以 TEXT({23},"!r0c0")= {"r2c3"}。

5. 最後，用 INDIRECT 的 R1C1 樣式取得表格的字串，INDIRECT({"r2c3"},)=Amy，INDIRECT({"r2c6"},)=Sherry，以此類推。在 INDIRECT 大小寫字母是一樣的。

接下來，點選 D9。

我們用另外一種方法來讀取資料，用 SEARCHB 來判斷表格是否有資料，然後，用 IF 將資料轉成座標值。接下來，用 SMALL 依序取出最小值，下一步，用 LEFT 和 RIGHT 各別取出直欄與橫列的值，最後用 INDEX 顯示表格資料。

這是 INDEX 第 2 引數 row_num 的公式。

```
LEFT(❺
    SMALL(❹
        IFERROR(❸
            --IF(❷
                SEARCHB(❶
                    "?",
                    C$2:F$5
                ),
                ROW($1:$4)&COLUMN($A:$D)
            ),
            ""
        ),
        ROW(A1)
    )
)
```

1. SEARCHB 搜尋表格有字串的儲存格，因為 FIND 沒支援萬用字元，在這裡不能用。找到顯示 1，如下表。

1	#VALUE!	#VALUE!	1
#VALUE!	1	1	#VALUE!
1	1	#VALUE!	#VALUE!
#VALUE!	1	#VALUE!	1

2. IF 將 1 轉換成座標值，如 INDIRECT 公式所示。

3. IFERROR 將錯誤值轉成空白。

4. SMALL 將第 1 個座標值列出。

5. LEFT 取出座標值左邊第 1 個。

這是 INDEX 公式的第 2 引數 rows_num，而第 3 引數 cols_num 是用 RITHT 擷取右邊第 1 個，公式跟 LEFT 一樣。最後，INDEX(C$2:F$5,{"1"},{"1"}) 就會取得 C2 的值「Amy」。

還有第 3 個方法是用 OFFSET，我們可以用輔助欄 SMALL(IFERROR(--TEXT((C$2:F$5<>"")*(ROW($1:$4)+{0,4,8,12}),"[>]"),""),ROW(1:8)) 依照表格裡有字串的儲存格建立序數，得到 {1;3;6;7;8;10;13;16}，然後用 OFFSET($B$1,IF(MOD(H2,4),MOD(H2,4),4),ROUNDUP(H2/4,))，取得資料。

08 列出唯一值並歸類

這節有兩個題目,一個是列出唯一值;另一個是將資料依據唯一值與代號歸類。列出唯一值有很多方法,這次使用 OFFSET,而歸類先用 MATCH 找到位置之後,再用 OFFSET 標定範圍顯示資料。

開啟「3.8 列出唯一值並歸類 .xlsx」。

	A	B	C	D	E	F
2		項目:	姓名	專案		
3			Sam	A-1		
4			Lee	B-1		
5			Amy	A-2		
6			Sam	C-1		
7			Amy	B-2		
8			John	C-2		
9						
10		問題:	列出唯一值並歸類			
11		解答:	姓名	A	B	C
12			Sam	A-1		C-1
13			Lee		B-1	
14			Amy	A-2	B-2	
15			John			C-2

C2:D8 是個人所負責的專案,要它歸類為 C11:F15 表格。

首先,點選 C12。

```
OFFSET(❹
    C$2,
    SMALL(❸
        IF(❷
            MATCH( ❶
                C$3:C$8,
```

```
        C$3:C$8,
      )=ROW($1:$6),
      ROW($1:$6)
   ),
   ROW(A1)
  ),
)
```

1. MATCH(C$3:C$8,C$3:C$8,) 是自我陣列計算，第 3 引數 match_type=0 省略，然後，答案 {1;2;3;1;3;6}= ROW($1:$6) 是將重複值成為 FALSE，準備取消。

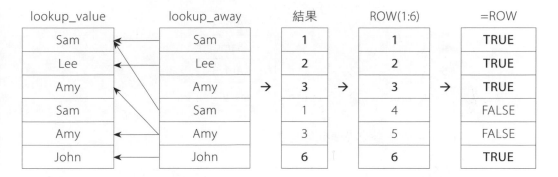

lookup_value		lookup_away		結果		ROW(1:6)		=ROW
Sam		Sam		1		1		TRUE
Lee		Lee		2		2		TRUE
Amy	→	Amy	→	3	→	3	→	TRUE
Sam		Sam		1		4		FALSE
Amy		Amy		3		5		FALSE
John		John		6		6		TRUE

2. IF 第 1 引數是 TRUE 就轉到第 2 引數 ROW(1:6)，FALSE 就轉到第 3 引數省略，所以得到 {1;2;3;FALSE;FALSE;6}。

3. SMALL({1;2;3;100;100;6},ROW(A1))，第 1 小是 1。

4. OFFSET(C$2,{1},)&""，這是從 C2 開始，往下 1 格是 Sam，再下 1 格是 Lee，以此類推。

接下來，根據姓名與類別歸類，點選 D12。

```
IFNA(❸
   OFFSET(❷
      $D$2,
      MATCH(❶
         $C12&D$11,
         $C$3:$C$8
             &
         LEFT($D$3:$D$8),
      ),
```

```
    ),
    ""
)
```

1. MATCH 的 $C12&D$11 是串接姓名與類別，得到 SamA，第 2 引數是串接姓名與專案字串的第 1 個字母，得到以下結果：

序數	lookup_value		lookup_away		結果
1	SamA		SamA		1
2			LeeB		
3			AmyA		
4			SamC		
5			AmyB		
6			JohnC		

所以，SamA 完全符合搜尋陣列得到 1。

2. OFFSET($D$2,1,)，reference 是 D2 開始往下移 1 格，來到 D3=A-1。

3. IFNA("A-1","")，A-1 不是錯誤值，所以保留 A-1。而 D13=IFNA(#N/A,"")，第一引數 value=#N/A，因此，執行 ""，顯示空白，裡面什麼都沒有。

09 根據區域列出不同的負責人

依照條件列出唯一值跟直接列出唯一值的公式有很大差別，畢竟要考慮條件存在。在了解單條件操作之後，使用多條件也不是很困難。這節將用 MATCH 判斷負責人是否在陣列中，然後用 ISNA 判斷是否為錯誤值，下一步 FREQUENCY 決定 1 在陣列的位置，最後，LOOKUP 搜尋 0 的位置值。

開啟「3.9 根據區域列出不同的負責人 .xlsx」。

	A	B	C	D	E
2		項目：	區域	負責人	
3			台北	張三	
4			台北	李四	
5			台北	張三	
6			高雄	王五	
7			台北	趙六	
8			高雄	孫七	
9			高雄	孫七	
10			高雄	周八	
11					
12		問題：	根據區域列出不同的負責人		
13		解答：	區域	負責人	
14			高雄	王五	
15				孫七	
16				周八	

C2:D10 是區域與負責人的對照表，同一個區域可能會有一位以上的負責人，我們要找出同區域不同的負責人。

首先，點選 D14。

```
LOOKUP(❹
    0,
    0/FREQUENCY(❸
        1,
        ISNA(❷
            MATCH(❶
                $D$3:$D$10,
                D$13:D13,
                0
            )
        )*($C$3:$C$10=$C$14)
        ),
    $D$3:$D$10
)&""
```

1. MATCH 的 lookup_value=$D$3:$D$10 負責人陣列，查詢 lookup_array= D$13:D13= 負責人，沒有這個名稱，所以產生錯誤值，{#N/A;#N/A;#N/A;#N/ A;#N/A;#N/A;#N/A;#N/A}。點選 D15 看看 MATCH($D$3:$D$10,D$13:D14,0)， D$13:D14= {" 負責人 ";" 王五 "}，所以 MATCH 查詢結果是：

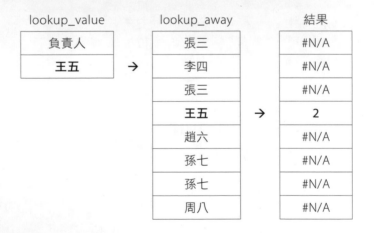

這麼做目的是準備將第 4 個的值王五排除。

2. 同樣 D15 公式，IFNA 將錯誤值 #N/A 轉為 TRUE，所以第 4 個就會成為 FALSE，然後乘上區域陣列＝高雄，得到：

MATCH		ISNA		高雄		結果
#N/A		TRUE		FALSE		0
#N/A		TRUE		FALSE		0
#N/A		TRUE		FALSE		0
2	→	FALSE	×	TRUE	→	0
#N/A		TRUE		FALSE		0
#N/A		TRUE		TRUE		1
#N/A		TRUE		TRUE		1
#N/A		TRUE		TRUE		1

所以第 6 個是正確答案。而 D14 的答案是 {0;0;0;1;0;1;1;1}，本來都是錯誤值，也都是 TRUE，因此，必須看第 1 個高雄在第幾個位置，答案是 4。

3. 我們曾經提過 FREQUENCY 的另一項功能是找到單一值 data_array=1 在 bins_array={0;0;0;1;0;1;1;1} 的位置，返回 {0;0;0;1;0;0;0;0;0}。

4. 最後，用 LOOKUP 的 lookup_value=1 去搜尋 {0;0;0;1;0;0;0;0;0}，反應相對位置 $D$3:$D$10 的第 4 個，答案是王五。

10 忽略表格 0 值並直欄顯示

表格轉置是資料整理的一項重點，不管是單欄列轉置，或轉直欄，或轉橫列都不是困難的操作，如果移除某值來轉置表格就比較困難。通常透過 IF 將表格設條件句判斷，將不符合條件的值轉為 FALSE，然後用 SAMLL 來顯示序號，最後 INDEX 根據序號顯示表格內容。

開啟「3.10 忽略表格 0 值並直欄顯示 .xlsx」。

	A	B	C	D	E	F	G	H	I
2		項目：	產品	Amy	Peter	John			
3			電視機	5	10	6			
4			冰箱	3	12	0			
5			洗衣機	9	0	11			
6									
7		問題：	忽略表格0值並直欄顯示						
8		解答：	姓名	產品	銷量		姓名	產品	銷量
9			Amy	電視機	5		Amy	電視機	5
10			Peter	電視機	10		Amy	冰箱	3
11			John	電視機	6		Amy	洗衣機	9
12			Amy	冰箱	3		Peter	電視機	10
13			Peter	冰箱	12		Peter	冰箱	12
14			John	冰箱	0		John	電視機	6
15			Amy	洗衣機	9		John	洗衣機	11
16			Peter	洗衣機	0				
17			John	洗衣機	11				

資料在 C2:F5。

首先，點選 C9 來看看一般情況，將所有表格資料全部直欄顯示。

```
INDEX(❷
   D$2:F$2,,
   MOD(ROW(),3)+1 ❶
)
```

MOD 的語法是：

```
MOD(number,divisor)
```

number 是數值。

divisor 是除數。

number 除以 divisor 的餘數，例如：5÷2，餘數是 1。

1. INDEX 是很容易理解與操作的函數，其中 row_num 省略，而 column_num= MOD(ROW(),3)+1。C9 的 ROW() 是 9 除以 3，餘數是 0，再加 1 就是 1，往下拖 曳複製，以此類推。因此，MOD 的餘數關係會形成 1、2、3、1、2、3…的循環。

2. 所以透過 INDEX 運算，D$2:F$2 是 Amy、Peter、John，答案就是這 3 個名稱 的循環顯示。

接下來，點選 C9。

```
INDEX(❷
   C$3:C$5,
   QUOTIENT(ROW()-6,3) ❶
)
```

QUOTIENT 的語法是：

```
QUOTIENT(numerator, denominator)
```

numerator 是被除數。

denominator 是除數。

它去除小數部分，保留整數部分，例如：5÷2，整數是 2。QUOTIENT(5,2)=TRUNC (5/2)，TRUNC 也是能保留整數部分。

1. QUOTIENT 的 numerator 是 ROW()=9，9-6=3，denominator 是 3，表示 3 除以 3 就是 1，往下拖曳複製，成為 (10-6)/3=1⋯。依照除數可以判斷 3 個相同的循環，如 1、1、1、2、2、2⋯，跟 MOD 的循環方式不一樣。

2. C$3:C$5 是電視機、冰箱與洗衣機，透過 INDEX 的運算顯示電視機、電視機、電視機、冰箱、冰箱、冰箱⋯。

MOD 與 QUOTIENT 或 TRUNC 常常被用到需要循環或重複的答案。接下來 E9 是利用兩個函數來擷取表格的資料。

```
INDEX(❸
    $D$3:$F$5,
    QUOTIENT(ROW()-6,3),❶
    MOD(ROW(),3)+1❷
)
```

1. row_num 是 QUOTIENT，將進行 1、1、1、2、2、2⋯的循環。

2. column_num 是 MOD，將進行 1、2、3、1、2、3 的循環。

3. INDEX 往下拖曳複製時，會根據 ROW 的增加依序取得 $D$3:$F$5 的值。

當然你也可以用 MATCH 來取得序數給 INDEX 的 row_num 與 cloumn_num。

```
INDEX($D$3:$F$5,MATCH(C9,D$2:F$2,0),MATCH(D9,C$3:C$5,0))
```

上面的方法是將表格的值全部依序顯示，如果我們要排除表格的某個數字，再直欄顯示的話，依照上面固定的循環顯示顯然無法達成要求，所以我們必須用 IF 判斷條件合格的留下，不合格的忽略。

我們將大於 0 的留下，其他排除。首先，點選 G9 姓名部分。

```
INDEX(❸
   D$2:F$2,
      SMALL(❷
         IF(❶
            $D$3:$F$5>0,
            COLUMN(A:C)
         ),
      ROW(A1)
      )
)
```

1. IF 的 logical_test=$D$3:$F$5>0 是將 0 排除，然後資料是正值時，來到 value_if_true= COLUMN(A:C)，value_if_false 省略，所以顯示 FALSE。

原資料 >0

5	10	6
3	12	0
9	0	11

→

value_if_true

TRUE	TRUE	TRUE
TRUE	TRUE	FALSE
TRUE	FALSE	TRUE

→

結果

1	2	3
1	2	FALSE
1	FALSE	3

2. SMALL 會忽略 FALSE，k=ROW(A1) 是 1，最小的數值是 1。

3. 最後，用 INDEX 的 array= D$2:F$2，column_num=1，答案是 Amy、3 個 Amy、2 個 Peter、2 個 John。

然後，我們來看 H9 產品部分。

```
INDEX(❹
   C$3:C$5,
      RIGHT(❸
         SMALL(❷
            IF(❶
               $D$3:$F$5>0,
               COLUMN(A:C)*10+ROW($1:$3)
            ),
            ROW(A1)
         )
      )
)
```

1. 這個公式的差異是，IF 在轉換時，value_if_true 是 COLUMN(A:C)*10+ROW($1:$3)，這是給表格欄列序號。

	原資料 >0				value_if_true					結果	
5	10	6		TRUE	TRUE	TRUE		**11**	21	31
3	12	0	→	TRUE	TRUE	FALSE	→	**12**	22	FALSE
9	0	11		TRUE	FALSE	TRUE		**13**	FALSE	33

因為要取得直欄的順序，如果只有 ROW 的話，就只能取橫列資料，所以前面是 COLUMN(A:C)*10，就能取直欄資料。

2. SMALL 是由小到大取值，11、12、13，如果只有 1、2、3…的話，就會是 1、1、1，不是我們要的。

3. RIGHT 省略引數表示擷取字串右邊第 1 個字元，因為只要保留 1、2、3。

4. INDEX 根據 row_num 取 C$3:C$5 的資料。

本章是說明簡單條件式的參照函數的應用，除了前兩章所用的函數以外，也加入了一些基礎的函數。透過這些函數的組合應用可以強化問題的解決能力，能更方便且快速地解決問題。在企業中所面對的商業數字問題常常不是什麼高深的學問，然而要利用 Excel 來解決這些問題就需要靈活應用這些函數。基礎函數本來就要熟練，而前兩章的 11 種函數更要了解它們的核心運作，配合條件式的邏輯運用，還有陣列公式操作原理，關於數字問題就能駕輕就熟。

多條件式參照

查閱與參照函數是中性函數,適用於任何領域,所以它跟彙總函數在 Excel 的使用上佔有很大比率。上一章介紹單條件或判斷的查閱與參照函數,然而,在資料處理時,會面臨更多條件的計算,我們將在這一章進一步探討這個狀況。

本章重點

01 判斷項目是否連續 2 週大於 10 或全部都是 0

不管是機器訊號或採購數量，以及其他工作上需要判斷連續出現的訊號，我們都必須思考到底為什麼會發生這樣的情況。這個題目有兩個條件，一是連續兩週大於 10 或每一週都是 0。使用 INDEX 來建立是否大於 10 的陣列，用 N 轉數值，下一步，MMULT 合計兩週的判斷值，最後，用 OR 判斷兩條件是否為 TRUE。

開啟「4.1 判斷項目是否連續兩週大於 10 或全部都是 0.xlsx」。

項目：	No.	第1週	第2週	第3週	第4週	第5週	第6週	解答：
	1	25	2	-21	-44	-67	-90	FALSE
	2	1	0	-1	25	-3	-4	FALSE
	3	68	22	-24	34	-116	-162	TRUE
	4	25	14	3	-8	-19	-30	TRUE
	5	3	22	0	8	17	-3	FALSE
	6	0	0	0	0	0	0	TRUE
	7	0	15	30	0	-8	75	TRUE
問題：	判斷項目是否連續2週>10或全部都是0							

C2:I9 是 6 週各項次的值，要從這些值找出兩週大於 10 或全部為 0 的項次。

首先，點選 J3。

```
OR( ❹
    MMULT( ❸
        N( ❷
            INDEX( ❶
                D3:I3>10,
                {1,2}+{0;1;2;3;4}
            )
        ),
        $Z$1:$Z$2+1)>1,
```

```
      AND(D8:I8=0)
)
```

1. 我們先從 INDEX 第 2 引數 row_num={1,2}+{0;1;2;3;4} 開始分析,這是建立 5×2
   陣列。

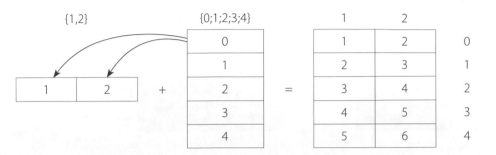

   接下來,第 1 引數 array=D3:I3>10 判斷大於 10 的儲存格。

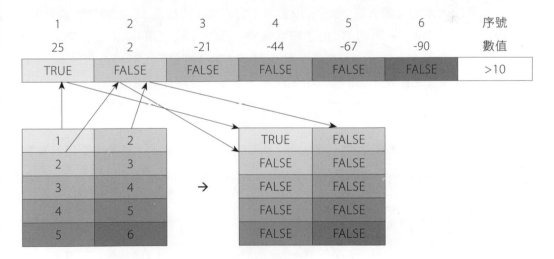

   INDEX 是依照第 2 引數的數值決定 row_num,而它是 5×2 陣列,所以沒有設
   定 column_num。兩者是不同的概念,column_num 是往下參照,但 D3:I3 是
   一列多欄,所以設定 column_num 會產生錯誤。經過運算之後,會得到 TRUE
   與 FALSE 的 5×2 陣列。另外來看看 No.3 的 J5,INDEX 運算為:

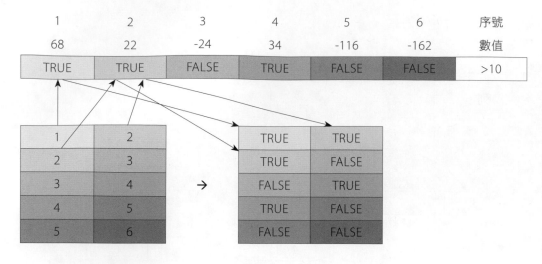

這項次有連續兩個 TRUE 符合條件。為什麼是 5×2 陣列呢？

因為要符合兩個連續大於 10，所以要第 1 週與第 2 週都為 TRUE 或第 2 週與第 3 週判斷都為 TRUE，兩個 TRUE 才符合條件，因此，還要用 MMULT 判斷是否連續 2 週符合條件。如 No.1 的第 1 週是 TRUE* 第 2 週是 FALSE=FALSE，No.3 的第 1 週與第 2 週都是 TRUE 相乘相加之後，才是符合條件設定。

2. 然後，用 N 將 FALSE 與 TRUE 轉為 0 與 1。

3. MMULT 是陣列相乘後相加，不能有 TRUE 或 FALSE，所以計算前需要用 N 轉數值。MMULT 計算之後，得到：

array1			array2		結果	>1
1	0		1		1	FALSE
0	0	↔→	1	→	0	FALSE
0	0				0	FALSE
0	0				0	FALSE
0	0				0	FALSE

所以 No.1 結果是 FLASE，而 No.3 運算之後是：

array1			array2		結果	>1
1	1		1		2	TRUE
1	0	↔	1	→	1	FALSE
0	1				1	FALSE
1	0				1	FALSE
0	0				0	FALSE

它有 1 個大於 2，所以是 TRUE，表示有連續 2 個大於 10。

4. 最後，OR 是判斷 MMULT 或 AND(D8:I8=0) 是否為 TRUE。AND(D8:I8=0) 是判斷第 1 週 ~ 第 6 週的值是否等於 0，兩個條件只要一個是 TRUE 的話就符合條件。

02 計算員工各月份有效的分數

前面的 MMULT 運算都沒有條件式判斷，這次我們來看 MMULT 在多條件之下的運作方式。TRANSPOSE 是轉置陣列，N 是轉數值，MMULT 將轉成數值的陣列與第二陣列進行運算。

開啟「4.2 計算員工各月份有效的分數 .xlsx」。

	B	C	D	E	F
2	項目：	月份	姓名	分數	有效
3		5月	Amy	75	有效
4		5月	Robert	85	有效
5		5月	Peter	95	有效
6		6月	Amy	67	無效
7		6月	May	58	有效
8		6月	Peter	88	無效
9		6月	Marry	77	有效
10		7月	Marry	62	有效
11		7月	Amy	54	有效
12		7月	Robert	86	有效
13					
14	問題：	計算員工各月份有效的分數			
15	解答：	姓名	5月	6月	7月
16		Amy	75	0	54
17		Robert	85	0	86
18		Peter	95	0	0
19		May	0	58	0
20		Marry	0	77	62

C2:F12 是個人各月的分數表，F 欄是說明分數是否有效。

首先，點選 D16。

```
MMULT ( ❸
    N ( ❷
        TRANSPOSE(D3:D12) ❶
            =C16:C20
    ),
    (F3:F12="有效")
        *(C3:C12=D15:F15)
        *(E3:E12)
)
```

1. TRANPOSE 可以轉置陣列，本來是直欄轉為橫列，而 C16:C20 是唯一值，所以
   2 陣列以相等的邏輯判斷，結果如下：

	Amy	Robert	Peter	Amy	May	Peter	Marry	Marry	Amy	Robert
Amy	TRUE	FALSE	FALSE	TRUE	FALSE	FALSE	FALSE	FALSE	TRUE	FALSE
Robert	FALSE	TRUE	FALSE	FALSE	FALSE	FALSE	FALSE	FALSE	FALSE	TRUE
Peter	FALSE	FALSE	TRUE	FALSE	FALSE	TRUE	FALSE	FALSE	FALSE	FALSE
May	FALSE	FALSE	FALSE	FALSE	TRUE	FALSE	FALSE	FALSE	FALSE	FALSE
Marry	FALSE	FALSE	FALSE	FALSE	FALSE	FALSE	TRUE	TRUE	FALSE	FALSE

由 Amy 比對之後，結果是 TRUE 有三個相同，其他如表所示。

2. N 是轉數值，因為 MMULT 只能計算數值。

3. MMULT 的第 1 引數 array1 如上表，第 2 引數 array2 是有效 * 月份 * 分數，
   結果是：

有效		5月	6月	7月		分數		結果		
TRUE		TRUE	FALSE	FALSE		75		75	0	0
TRUE		TRUE	FALSE	FALSE		85		85	0	0
TRUE		TRUE	FALSE	FALSE		95		95	0	0
FALSE		FALSE	TRUE	FALSE		67		0	0	0
TRUE	×	FALSE	TRUE	FALSE	×	58	=	0	58	0
FALSE		FALSE	TRUE	FALSE		88		0	0	0
TRUE		FALSE	TRUE	FALSE		77		0	77	0
TRUE		FALSE	FALSE	TRUE		62		0	0	62
TRUE		FALSE	FALSE	TRUE		54		0	0	54
TRUE		FALSE	FALSE	TRUE		86		0	0	86

產生各月份的分數。MMULT 是由姓名的唯一值資料與分數有效結果的運算，
得到：

array1

	Amy	Robert	Peter	Amy	May	Peter	Marry	Marry	Amy	Robert
Amy	1	0	0	1	0	0	0	0	1	0
Robert	0	1	0	0	0	0	0	0	0	1
Peter	0	0	1	0	0	1	0	0	0	0
May	0	0	0	0	1	0	0	0	0	0
Marry	0	0	0	0	0	0	1	1	0	0

array2

5月	6月	7月
75	0	0
85	0	0
95	0	0
0	0	0
0	58	0
0	0	0
0	77	0
0	0	62
0	0	54
0	0	86

例如，Amy 計算時，第 2 引數 array2 要轉置：

Amy	1	0	0	1	0	0	0	0	1	0		
				相乘↓					相加→	結果		
5月	75	85	95	0	0	0	0	0	0	0	75	
6月	0	0	0	0	58	0	77	0	0	0	0	
7月	0	0	0	0	0	0	0	62	54	86	54	

姓名	5月	6月	7月
Amy	75	0	54

MMULT 進行多條件計算後得到答案，我們必須了解 array 多欄列的運作方式，才能夠運作得宜。

03 每月競賽第一名給 1 萬獎金，同分則 1 萬平分

這個題目比較困難，畢竟有多人得到第一名要計算平均，然後再計算個人獎金。使用 SUBTOTAL(OFFSET) 來取得各月最高分數，然後跟分數表格比對判斷取得最高分數的位置 * 依人數平分 1 萬獎金計算，最後用 MMULT 運算得到個人獎金。

開啟「4.3 每月競賽第一名給 1 萬獎金，同分則 1 萬平分 .xlsx」。

	A	B	C	D	E	F	G	H	I	J	K
2		項目：	月份	Amy	Roger	John	Sherry		最高分	得獎人	
3			1月	36	42	37	50		50	Sherry	
4			2月	45	45	38	43		45	Amy	Roger
5			3月	43	55	55	39		55	Roger	John
6			4月	38	42	46	49		49	Sherry	
7			5月	47	37	58	50		58	John	
8											
9		問題：	每月競賽第一名給1萬獎金，同分則1萬平分								
10		解答：	獎金	5000	10000	15000	20000				

C2:G7 個人各月分數表，I 欄是個月最高分數，J:K 是最高分數的得獎人，我們要計算個人總共得多少獎金。

首先，點選 D10。

```
MMULT(❺
    COLUMN(B:F)^0,
    (
    D3:G7=❷
        SUBTOTAL(❶
            4,
            OFFSET(D2:G2,{1;2;3;4;5},)
        )
    )
    *10000/❹
```

```
  MMULT( ❸
     N(
        D3:G7=SUBTOTAL(4,OFFSET(D2:G2,{1;2;3;4;5},))
     ),
     ROW(1:4)^0
  )
)
```

1. SUBTOTAL(OFFSET) 以前提過它能計算各層級，它的第 1 引數是 function_num=4=MAX，得出各層級（月份）的最高分數，可參考 I 欄。

2. 然後跟 D3:G7 分數表進行相等比對，得到：

	Amy	Roger	John	Sherry
1 月	FALSE	FALSE	FALSE	**TRUE**
2 月	**TRUE**	**TRUE**	FALSE	FALSE
3 月	FALSE	**TRUE**	**TRUE**	FALSE
4 月	FALSE	FALSE	FALSE	**TRUE**
5 月	FALSE	FALSE	**TRUE**	FALSE

2 月份與 3 月份有相同分數，所以我們就是要計算這張表的平分獎金。

3. 此公式有 2 個 MMULT，第 1 個的 array2 裡面也包含 MMULT。接下來，第 2 個 MMULT 計算上表，需要用 N 先將它轉成數值。ROW(1:4)^0={1;1;1;1}。

array1					array2		結果
0	0	0	1		1		1
1	1	0	0	↔	1	→	2
0	1	1	0		1		2
0	0	0	1		1		1
0	0	1	0				1

經過 MMULT 運算顏色相同相乘，再橫列相加之後，得到 {1;2;2;1;1} 的結果。

4. 接下來，1 萬除以結果陣列，得到：

個數		結果

個數

1
2
2
1
1

10000 ÷ = 結果

10000
5000
5000
10000
10000

然後，結果乘上步驟 2 的陣列，得到：

個人在各月最高分

FALSE	FALSE	FALSE	**TRUE**
TRUE	**TRUE**	FALSE	FALSE
FALSE	**TRUE**	**TRUE**	FALSE
FALSE	FALSE	FALSE	**TRUE**
FALSE	FALSE	TRUE	FALSE

獎金

10000
5000
5000
10000
10000

× =

個人各月獎金

0	0	0	10000
5000	5000	0	0
0	5000	5000	0
0	0	0	10000
0	0	10000	0

步驟 2 先除以 10000 再乘上 {1;2;2;1;1} 也會得到同樣答案。

5. 最後，統計個人總獎金，MMULT 的 array1=COLUMN(B:F)^0，array2 是上表個人各月獎金，結果是：

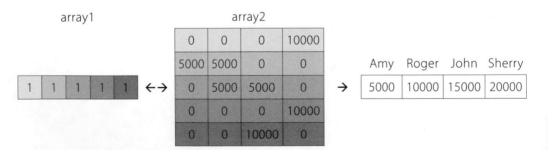

MMULT 要算橫列就把主計算資料放在 array1，要算直欄就放在 array2，所以這次要算直欄就放在 array2，array1 是 1 的陣列。想像一下將 array1 轉置跟 array2 相乘，直欄再相加就是答案。因為，array1 都是 1，1 乘於任何數都是任何數（除 0 以外）。因此，結果就是 array2 的直欄相加。MMULT 功能很強大，解決了陣列裡面相加問題，不用輔助欄或其他方式就需要花好幾道程序才能解決問題。它不像 SUM 或 SUMPRODUCT 只能返回 1 個值，也不像 SUMIF 或 SUBTOTAL 的 range 只能參照表格範圍，或 INDIRECT、OFFSET 與 INDEX 所標定的範圍，這兩個函數不能參照計算過的範圍。

至於取得得獎人名稱，如果是新版可用以下公式：

```
FILTER($D$2:$G$2,D3:G3=I3)
```

舊版則可用下列公式：

```
IFERROR(
   INDEX(
      $D$2:$G$2,
      SMALL(
         IF($D3:G3=$I3,COLUMN($A:$D)),
         COLUMN(A1)
      )
   ),
   ""
)
```

這是我們曾經提過的多值取得方法。

04

符合時間範圍、單位與序號,顯示價格

多條件查詢有很多方法,LOOKUP 也可以用在多條件,但是它只能找到一個值。SIGN 判斷時間範圍內的正負值,然後用 MMULT 進行多條件判斷計算,再用 LOOKUP 去查詢正確答案。

開啟「4.4 符合時間範圍、單位與序號,顯示價格 .xlsx」。

	A	B	C	D	E	F	G
2	項目:		序號	單位	開始	結束	價格
3			A10101	A	2020/10/1	2021/5/31	100
4			A10101	A	2021/2/1	2021/10/10	150
5			B10102	B	2019/5/3	2021/2/3	120
6			B10102	B	2019/12/1	2021/8/19	145
7			B10102	B	2021/2/6	2021/3/31	130
8			C10103	C	2020/3/1	2021/2/28	180
9			C10103	C	2020/8/31	2021/7/1	190
10							
11	問題:		符合時間範圍、單位與序號,顯示價格				
12	解答:		A10101	A	2021/1/1	2021/1/31	100
13			B10102	B	2021/2/1	2021/3/28	145
14			C10103	C	2021/3/1	2021/3/31	190

C2:G9 是專案項目表,要用底下的條件找到符合專案。

首先,點選 G12。

```
LOOKUP (❹
    0,
    0/(❸
        MMULT(❷
            (SIGN(E12-E$3:E$9)={1,1,0,0})*  ❶
                (SIGN(F12-F$3:F$9)={0,-1,-1,0}),
            {1;1;1;1}
        )=1
```

```
    ) /
      (D$3:D$9=D12)/
        (C$3:C$9=C12),
   G$3:G$9
)
```

此公式有三個條件判斷，第一個是需要在開始與結束時間之內；第二個是單位符合；第三個是序號符合。

1. SIGN 判斷引數 number 是正負值，返回 +1 或 -1，如果你的 Excel 因為版本問題產生錯誤時，也可以用 IF(logical_test>=0,1,-1) 來代替這個函數。因為，時間是要設定在開始與結束之間，所以用 E12-E$3:E$9 來判斷正負值，用 SIGN 來取得 ±1，一共有下表幾種狀況。

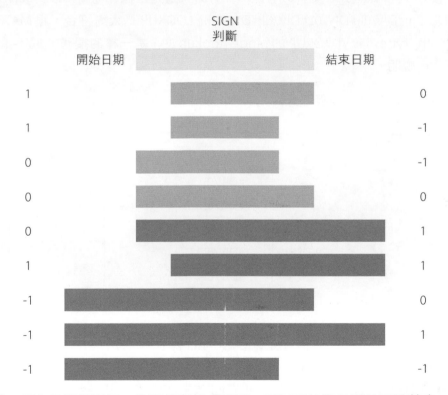

前四種在日期範圍裡，後面幾種超出範圍，所以要計算日期是否是其中一種組合。然後 SIGN 的開始日期要等於左側前四種 {1,1,0,0}，結束日期要等於右側前四種 {0,-1,-1,0}，兩個相乘表示 AND 的關係。達到符合日期範圍之內的陣列。

2. 接下來，MMULT 計算 SIGN 結果是否符合條件。

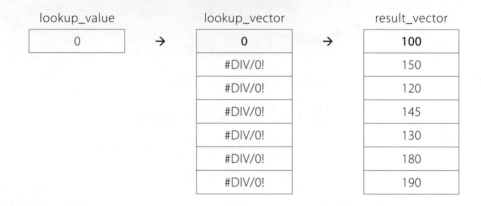

array1-SIGN 相乘					array2		結果		=1
0	1	0	0		1		1		TRUE
0	0	0	0		1		0		FALSE
0	1	0	0	↔	1	→	1	→	TRUE
0	1	0	0		1		1		TRUE
0	0	0	0				0		FALSE
0	1	0	0				1		TRUE
0	1	0	0				1		TRUE

3. 然後 0/ 時間範圍 / 單位 =A/ 序號 =A10101，這是三條件判斷，取得 {0;#DIV/0!;#DIV/0!;#DIV/0!;#DIV/0!;#DIV/0!}。LOOKUP 是大約符合，跟 MATCH 的 match_type=1、VLOOKUP 的 range_lookup 的 1 是一樣的搜尋方式，請參考第 2 章説明。

4. 最後，用 LOOKUP 去查詢資料，取得正確答案。

lookup_value		lookup_vector		result_vector
0	→	**0**	→	**100**
		#DIV/0!		150
		#DIV/0!		120
		#DIV/0!		145
		#DIV/0!		130
		#DIV/0!		180
		#DIV/0!		190

LOOKUP 只能取得 1 個值，如果多值符合條件就無法解決。可以用 INDEX(C$3:G$9,SMALL(IF((C$3:C$9=C$13)*(D$3:D$9=D$13)*(E$3:E$9<E$13)*(F$3:F$9>F$13),ROW($1:$7)),ROW(A1)),0) 將 E4 改為 2020/2/1 就符合多條件資料，列出多個值。這個公式 INDEX(SMALL(IF(ROW))) 列出多值以前已經説明過了。當然，新版用 FILTER 會更方便。

05 計算快遞運費，超過重量另計

這題是依照目的國家及包裹重量來計算快遞運費，外加其他費用。使用 COUNTIFS 計算幾個層級，MATCH 判斷哪個國家，OFFSET 標定計費範圍，LEFT(SUBSTITUTE) 擷取重量計算層級，VLOOKUP 依照快遞重量來查詢適當層級，最後，MMULT 計算運費。

開啟「4.5 計算快遞運費，超過重量另計 .xlsx」。

	B	C	D	E	F	G
2	項目：	公司	目的國家	重量-KG	運費	其他費用
3		THL	美國	0-1	350	100
4		THL	美國	1.01-2	550	150
5		THL	美國	2.01-3	890	200
6		FatEX	法國	0-0.8	255	80
7		FatEX	法國	0.81-4.5	430	120
8		FatEX	法國	4.51-7.5	780	150
9		VPS	日本	0-3	200	70
10		VPS	日本	3.01-5	350	90
11		VPS	日本	5.01-8	550	110
12						
13	問題：	計算快遞運費，超過重量另計				
14	解答：	目的國家	重量-KG	THL	FatEX	VPS
15		日本	3.5			1315
16		美國	1.3	865		
17		法國	0.7		258.5	
18		法國	1.6		808	

C2:G11 是快遞運費計算表，根據目的國與重量來查詢價格表並計算運費。

首先，點選 G15。

```
IFNA(❽
    MMULT(❼
        VLOOKUP(❻
            $D15,
            --LEFT(❺
                SUBSTITUTE(❹
                    OFFSET(❸
                        $E$2,
                        MATCH($C15&G$14,$D$3:$D$11&$C$3:$C$11,),,❶
                        COUNTIFS($C$3:$C$11,G$14,$D$3:$D$11,$C15),❷
                            3
                    ),
                    "-",
                    "000"
                ),
                4
            ),
            {2,3}
        ),
        IF({1;0},$D15,1)),
    ""
)
```

1. MATCH 是查詢日本 &VPS 在價格表的位置，透過公司欄與目的國家欄合併找到第 7 個位置。

2. COUNTIFS 是計算個數，這是 OFFSET 的 height 範圍標定，答案是 3。

3. OFFSET 從 reference=E2 開始，rows=7，height=3，width=3。表示從 E2 開始往下 7 格，又往右 3 格，往下 3 格，得到 3×3 陣列，日本 &VPS 的範圍。

0-3	200	70
3.01-5	350	90
5.01-8	550	110

4. 要進行 VLOOKUP 查詢，而上表的第一欄無法進行，所以第一欄要轉換為重量計算層級，使用 SUBSTITUTE 替換函數，將 - 換成 000，得到：

00003	200	70
3.010005	350	90
5.010008	550	110

5. 然後要將第一欄再轉為數值，LEFT 的第 2 引數 num_chars=3，擷取上面表格的字串，左邊算起 3 個字元，第一欄就會形成重量層級，然後用 -- 將文字型數字轉成數字型數字。

重量 -KG	運費	其他費用
0	200	70
3.01	**350**	**90**
5.01	550	110

這個表格是計算到日本的運費。

6. 接下來是查詢包裹重量的適當運費，使用 VLOOKUP，lookup_value=D15=3.5，模糊尋找表格的第 1 欄位，在 3.01 這個層級，col_index_num= {2,3}，所以取得 {350,90}，運費與其他費用。

7. MMULT({350,90},IF({1;0},$D15,1))，array2=IF({1;0},$D15,1)，建立 2×1 陣列，當然也可以用 {3.5;1}，只是往下拖曳複製就不能隨儲存格變動。運費是每公斤的價格，其他費用是固定的，所以是運費 ×KG+ 運費，因此，運費 350×D15 是重量 3.5KG+ 其他費用 90。

8. IFNA 是錯誤時，執行第 2 引數 value_if_na=""，遇到錯誤值就顯示空白。

06 找出表格中的重複值與不重複值

顯示單陣列的不重複值比較簡單，而多欄列陣列的不重複值需要一些技巧。我們將顯示不重複值與重複值的字串。用 TRANSPOSE 轉置資料並對比陣列、IF 轉換陣列值、SMALL 顯示正確數值。

開啟「4.6 找出表格中的重複值與不重複值 .xlsx」。

	A	B	C	D	E	F	G	H	I
2		項目：	6	5	7	8	4	12	
3			1	12	3	4	5	11	
4									
5		問題：	找出表格中的重複值與不重複值						
6		解答：	重複值	4	5	12			
7			不重複	1	3	6	7	8	11
8									
9			重複值	05	04	12			
10			不重複	1	3	6	7	8	11
11									

C2:H3 是數據資料，要列出重複與不重複值。

首先，點選 D6 來顯示重複值。

```
SMALL(❷
    IF(❶
        $C2:$H2=
            TRANSPOSE($C3:$H3),
        $C2:$H2
    ),
    COLUMN(A1)
)
```

1. IF 的 logical_test 將上列與下列進行等號比對，但如果是列對列比對，只能上格跟下格比對。如果要一個一個比對的話，就必須要轉置，所以用 TRANSPOSE 轉置，結果如下：

FALSE	FALSE	FALSE	FALSE	FALSE	FALSE
FALSE	FALSE	FALSE	FALSE	FALSE	**TRUE**
FALSE	FALSE	FALSE	FALSE	FALSE	FALSE
FALSE	FALSE	FALSE	FALSE	**TRUE**	FALSE
FALSE	**TRUE**	FALSE	FALSE	FALSE	FALSE
FALSE	FALSE	FALSE	FALSE	FALSE	FALSE

而 $C2:$H2 是：

6	5	7	8	4	12

因此，結果是：

	6	5	7	8	4	12
1	FALSE	FALSE	FALSE	FALSE	FALSE	FALSE
12	FALSE	FALSE	FALSE	FALSE	FALSE	**TRUE**
3	FALSE	FALSE	FALSE	FALSE	FALSE	FALSE
4	FALSE	FALSE	FALSE	FALSE	**TRUE**	FALSE
5	FALSE	**TRUE**	FALSE	FALSE	FALSE	FALSE
11	FALSE	FALSE	FALSE	FALSE	FALSE	FALSE

從表中可知，有三個數字是重複值，所以 IF 的 value_if_true=C2:H2，TRUE 的話，轉為表格的值。

2. SMALL 可將最小數字顯示出來，所以在第 2 引數 k=COLUMN(A1)=1，往右拖曳複製可以依序顯示 4、5、12。

接下來，點選 D7 來顯示不重複值的方法。

```
SMALL(❸
    IF(❷
        COUNTIF(❶
            $C2:$H3,
            $C2:$H3
        )=1,
        $C2:$H3
    ),
    COLUMN(A1)
)
```

1. COUNTIF 自我計算：

range

6	5	7	8	4	12
1	12	3	4	5	11

criteria

6	5	7	8	4	12
1	12	3	4	5	11

計算個數之後，得到：

1	2	1	1	2	2
1	2	1	2	2	1

6 有 1 個，5 有 2 個，以此類推，1 個是不重複值，2 個是重複值，所以 COUNTIF=1 來判斷唯一值。

2. IF 將 COUNTIF=1 是 TRUE 的話，轉到 C2:H3。

TRUE	FALSE	TRUE	TRUE	FALSE	FALSE
TRUE	FALSE	TRUE	FALSE	FALSE	TRUE

↓

6	5	7	8	4	12
1	12	3	4	5	11

↓

6	FALSE	7	8	FALSE	FALSE
1	FALSE	3	FALSE	FALSE	11

3. SMALL 將上表數值由小到大顯示出來。

上面是顯示數值的重複與不重複值,接下來,看看文字方面。

	J	K	L	M	N	O
2			蘋果	香蕉	橘子	芭樂
3			西瓜	橘子	李子	香蕉
4						
5						
6		重複值	橘子	香蕉		
7		不重複	蘋果	芭樂	西瓜	李子

首先,點選 L6。

```
INDEX(❹
    $L3:$O3,
    SMALL(❸
        IFERROR(❷
            MATCH(❶
                $L$2:$O$2,
                $L$3:$O$3,
            ),
        ""),
    COLUMN(A1)
    )
)
```

1. MATCH 是返回陣列位置,這個函數的進行方式是:

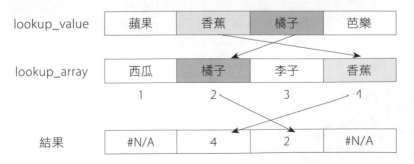

lookup_value	蘋果	香蕉	橘子	芭樂
lookup_array	西瓜	橘子	李子	香蕉
	1	2	3	4
結果	#N/A	4	2	#N/A

2. IFERROR 是結果陣列的錯誤值轉為空白。

3. SMALL 由小到大依序返回陣列數值，第 1 個是 2，第 2 個是 4。

4. INDEX 的第 1 引數 array=L3:O3，依序顯示 2= 橘子與 4= 香蕉。

最後來看文字型的不重複公式，可用座標法，點選 L7。

```
INDIRECT(TEXT(SMALL(IF(COUNTIF($L2:$O3,$L2:$O3)=1,ROW(2:3)*100+COLUMN
($L:$O)),COLUMN(A1)),"!r0c00"),)
```

在 2.5 節時，曾經提過用 TEXT 數值格式改為 INDIRECT 的 R1C1 樣式，它就是能被解讀的位址，而顯示該位址的值。這個公式跟 2.5 節的公式類似。

統整這節的陣列比對來找出重複與不重複值，我們使用了陣列 =TRANSPOSE（陣列）、COUNTIF（陣列,陣列）與 MATCH（陣列,陣列,0）。

陣列 =TRANSPOSE（陣列）

FALSE	FALSE	FALSE	FALSE
FALSE	FALSE	橘子	FALSE
FALSE	FALSE	FALSE	FALSE
FALSE	香蕉	FALSE	FALSE

COUNTIF（陣列,陣列）

FALSE	香蕉	橘子	FALSE
FALSE	橘子	FALSE	香蕉

MATCH（陣列,陣列,0）

#N/A	香蕉	橘子	#N/A

方法各有不同，但都可以顯示符合的答案。

如果是三列以上，只能用 COUNTIF（陣列,陣列），等於 1 是唯一值，大於 1 就是重複值。

07 根據表格記號串接兩頂端的項目名稱

要找到表格欄列交集的儲存格是一件很容易的事情，應用 INDEX 與 MATCH 即可完成。然而，反方向根據儲存格的記號串接兩頂端的項目名稱時，卻需要一點技巧。利用 IF 找到記號並轉到座標值，SMALL 由小到大一個一個顯示，接下來用 LEFT 與 RIGHT 取出位置值，INDEX 根據位置值顯示項目名稱。

開啟「4.7 根據表格記號串接兩頂端的項目名稱 .xlsx」。

	項目	A	B	C	D
項目：					
	蘋果	●			●
	香蕉		●	●	
	橘子			●	
	鳳梨	●		●	

問題：	根據表格記號串接兩頂端的項目，如蘋果_A	
解答：	Index	Offset
	蘋果_A	A_蘋果
	蘋果_D	A_鳳梨
	香蕉_B	B_香蕉
	香蕉_C	C_香蕉
	橘子_C	C_橘子
	鳳梨_A	C_鳳梨
	鳳梨_C	D_蘋果

C2:G6 是水果等級表格，要串接中間圓點兩端的名稱。

首先，點選 C10，它是 INDEX(LEFT(座標值)) &"_"& INDEX(RIGHT(座標值))，LEFT 取得值是水果項目位置，RIGHT 則是等級項目位置，LEFT 與 RIGHT 運算類似，以下只說明 LEFT 公式運作過程。

```
INDEX(❹
    C$3:C$6,
```

```
       LEFT(❸
           SMALL(❷
              IF(❶
                 D$3:G$6="●",
                 ROW($1:$4)*10+COLUMN($A:$D)
              ),
           ROW(A1)
           )
       )
)
```

1. IF 的 logical_test= D$3:G$6=" ● " 就轉到 ROW($1:$4)*10+COLUMN($A:$D) 的座標值，所以是：

	A	B	C	D	ROW ↓	1	2	3	4	←COLUMN
蘋果	TRUE	FALSE	FALSE	TRUE	10	**11**	12	13	**14**	
香蕉	FALSE	TRUE	TRUE	FALSE →	20	21	**22**	**23**	24	
橘子	FALSE	FALSE	TRUE	FALSE	30	31	32	**33**	34	
鳳梨	TRUE	FALSE	TRUE	FALSE	40	**41**	42	**43**	44	

value_if_true 建立一張座標表格，因此，IF 運算之後，得到：

11	FALSE	FALSE	14
FALSE	22	23	FALSE
FALSE	FALSE	33	FALSE
41	FALSE	43	FALSE

2. SMALL 依序將 11、14、22、23、33、41、43 取出。

3. LEFT 取出 SMALL 座標的左邊第 1 個數字，它是水果項目的序數，而 RIGHT 取出右邊第 1 個數字，代表等級項目的序數。

4. INDEX 根據 LEFT 取出的數值來顯示 C$3:C$6 位置中的水果名稱。

最後，就是 INDEX(LEFT(座標值)) &"_"& INDEX(RIGHT(座標值))，顯示如蘋果 _A、蘋果 _D 的字串。

D10 是用 OFFSET 跳格的方法，內容公式原理跟上面一樣。

08 判斷連續出現幾個 3

4.1 節曾提過連續兩週大於 10 或全部都是 0 的運算方式，這次我們將找出某值出現次數，以及陣列中，哪個值出現最多連續次數。我們將用 IF 來轉換 3 出現的位置，並用 FREQUENCY 來統計區間個數，然後用 MAX 來判斷最大的個數。

開啟「4.8 判斷連續出現幾個 3.xlsx」。

▲	A	B	C	D	E	F	G	H	I
2	項目：		3	3	4	3	5	5	5
3									
4	問題：		判斷連續出現幾個3						
5	解答：		連續3	最多連續	數值				
6			2	3	5				

第 2 列是連續數值，計算 3 連續出現最多次數。

首先，點選 C6。

```
MAX (❹
    FREQUENCY (❸
        IF (❶
        C2:I2=3,
        COLUMN(C2:I2)
        ),
        IF (❷
            C2:I2<>3,
            COLUMN(C2:I2)
        )
    )
)
```

1. IF 將第 1 引數 C2:I2=3 轉到 COLUMN (C2:I2)，得到 {3,4,FALSE,6,FALSE,FALSE,FALSE}。

2. 這個 IF 將第 1 引數 C2:I2<>3 轉到 COLUMN (C2:I2)，得到 {FALSE,FALSE,5,FALSE, 7,8,9}，COLUMN (C2:I2)={3,4,5,6,7,8,9}。

3. 所以可以得知 FREQUENCY 的 datay_array 與 bins_array 是：

data_array	3	4	FALSE	6	FALSE	FALSE	FALSE

bins_array	FALSE	FALSE	5	FALSE	7	8	9

bins_array 的 FALSE 會被忽略，所以是 5、7、8、9，因此，根據區間計算 3 與 4 是屬於 5 以下區間，6 屬於 5-7 區間，得到 {2;1;0;0;0}。

bins_array	結果
5	2
7	1
8	0
9	0
9 以上	0

4. 最後，找出陣列中最大數值，MAX({2;1;0;0;0})=2，3 連續出現最多次是 2 次。

接下來，我們來看這個陣列中出現最多連續的數值。點選 D6。

```
MAX(❹
    FREQUENCY(❸
        IF(❶
            C2:I2=D2:J2,
            COLUMN(C2:I2)
        ),
        IF(❷
            C2:I2<>D2:J2,
            COLUMN(C2:I2)
        )
    )
)+1
```

1. 這個公式與上面類似，主要差別是用錯位方式來判斷前後格是否相等。其中，C2:I2=D2:J2 得到 {TRUE,FALSE,FALSE,FALSE,TRUE,TRUE,FALSE}，C2 是否等於 D2，D2 是否等於 E3…判斷某值連續性。所以得到：

| 3 | 3 | 4 | 3 | 5 | 5 | 5 | |
| 3 | 4 | 3 | 5 | 5 | 5 | 0 | |

| TRUE | FALSE | FALSE | FALSE | TRUE | TRUE | FALSE | = 比對結果 |

↓ ↑

| 3 | 4 | 5 | 6 | 7 | 8 | 9 | COLUMN(C2:I2) |

=

| 3 | FALSE | FALSE | FALSE | 7 | 8 | FALSE | IF 結果 |

2. C2:I2<>D2:J2 得到：

| 3 | 3 | 4 | 3 | 5 | 5 | 5 | |
| 3 | 4 | 3 | 5 | 5 | 5 | | |

| FALSE | TRUE | TRUE | TRUE | FALSE | FALSE | TRUE | <> 比對結果 |

↓ ↑

| 3 | 4 | 5 | 6 | 7 | 8 | 9 | COLUMN(C2:I2) |

=

| FALSE | 4 | 5 | 6 | FALSE | FALSE | 9 | IF 結果 |

3. 接下來，使用 FREQUENCY，data_array 與 bins_array 得到：

| data_array | 3 | FALSE | FALSE | FALSE | 7 | 8 | FALSE |

| bins_array | FALSE | 4 | 5 | 6 | FALSE | FALSE | 9 |

    答案是 {1;0;0;2;0}。

4. 最後，使用 MAX 計算陣列最大值，MAX({1;0;0;2;0})=2，還要 +1=3，因為是前後格比對，後一格是 FALSE，所以要 +1 才是正確答案。

但是，這個方法只知道連續出現最多的值，那麼，到底是哪一個卻無法從上面的公式了解。所以我們還要利用其他公式找出是哪個數值。點選 E6。

```
OFFSET(❹
    B2,,
    MATCH(❸
        1,
        FREQUENCY(❷
            -99,
            -FREQUENCY(❶
                ROW(1:7),
                (C2:I2<>D2:J2)
                *COLUMN(A:G)
            )
        ),
    )
)
```

1. 使用兩個 FREQUENCY 來找到連續出現最多的值，首先 data_array= ROW(1:7)，建立 1-7 的序數，bins_array 是用錯位的方式判斷前後格是否相等，然後乘上 COLUMN(A:G) 是 TRUE 賦予序數，{0,2,3,4,0,0,7}，0 是 FALSE 不相等，大於 0 是 TRUE 相等。

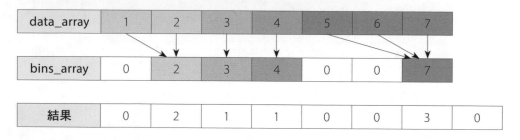

得到 {0;2;1;1;0;0;3;0}，然後加個負號，答案是 {0;-2;-1;-1;0;0;-3;0}。

2. 下一步，一樣使用 FREQUENCY，如果是正數的話，用最大數去計算區間個數，會找到最後一個，但這個並不是答案，在此要找到最大值，所以使用負數去找最大值。

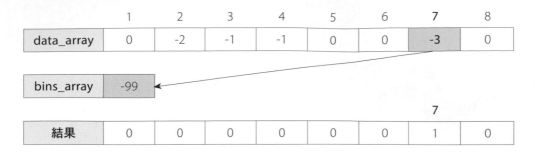

取得 {0;0;0;0;0;0;1;0;0} 的答案。

3. 然後，使用 MATCH 的 lookup_value=1 去比對陣列的值。MATCH(1,{0;0;0;0;0;0;1;0;0},)=7。

4. 最用，用 OFFSET 去標定範圍，OFFSET(B2,,7)，reference=B2，從 B2 開始，往下省略，往右跳 7 格，來到 I2，答案就是 5，5 是這個陣列中，連續數值最多的值。

本章說明如何利用多條件來進行查閱、參照與計算，不管這個條件是大於、小於或等於的比對，我們都必須考慮使用哪種函數才能取得成果。經過多個條件比對之後，再利用彙總計算，雖然步驟較為繁瑣，但這也是成為使用進階函數高手的歷練。下一章將說明多次計算的參照操作。

多次計算參照

前幾章已經深入了解這些 Excel 重要參照與彙總函數的技巧,這些都是中性函數,也就是常常使用、適合各領域各任務的函數。精通這些函數的進階含意,了解解題的模式,你將在試算表的應用方面無往不利。

當我們從其他範圍查閱或參照時,有時要經過多次計算才能取得正確答案,這也是本章的訴求,如何多次計算來達成目標。只要利用前面所學,再加以融會貫通就可以順利解決試算表多次計算問題。

本章重點

01 計算多區域的儲存格的數值個數

計算多區域的方法很多，簡單的 SUM、COUNT⋯都可以。在此使用 COUNTIF、SUMIF 與 SUM 的應用計算多區域的數值。

開啟「5.1 計算多區域的儲存格的數值個數 .xlsx」。

	A	B	C	D	E	F
2		項目：	1		4	5
3			2			
4			3			
5						
6		問題：	計算多區域的儲存格的數值個數			
7		解答：	5			
8			15			

C2:C4 是一直欄資料，E2:F2 是一橫列資料。

首先，點選 C7。

```
SUM(❸
    COUNTIF(❷
        INDIRECT(❶
            {"C2:C4","E2:F2"}
        ),
    "<>"
    )
)
```

1. 這是計算兩個區域的儲存格有數值的個數，之前是在單範圍使用 INDIRECT，這次透過大括號形成的常數陣列來表示多範圍，這個會得到：

C2:C4	E2:F2
#VALUE!	#VALUE!

錯誤值，那是因為它是多維度，所以只能用 N 將第 1 層顯示出來，其他層級無法顯示。N(INDIRECT({"C2:C4","E2:F2"}))，得到：

C2:C4	E2:F2
1	4

2. 它形成 1×2 的陣列，不能用 SUM，它只能計算看得到的數值，所以需要用到 COUNTIF。第 2 引數是 <> 表示全部計算，這時並不需要用 N，所以取得：

C2:C4	E2:F2
3	2

C2:C4=3，E2:F2=2。

3. 最後，用 SUM 將這個陣列加總，得到 5。

接下來，看看計算兩個範圍的 C2 總數，點選 C8

```
SUM(SUMIF(INDIRECT({"C2:C4","E2:F2"}),"<>"))
```

上面公式用 COUNTIF，這次是用 SUMIF，得到：

C2:C4	E2:F2
6	9

然後，用 SUM 計算 6 與 9 就是 15。

其實最簡單的方式是 COUNT(C2:C4,E2:F2)=5，或用 COUNT(C2:F4)=5，這中間都是空白儲存格。SUM 也是一樣，可以用 SUM(C2:C4,E2:F2)=15，或用 SUM(C2:F4)。

如果計算大於 3 的個數與總計 COUNT((C2:F4>3)*C2:F4)=12，顯然是不對的。

C2:F4>3

FALSE	FALSE	TRUE	TRUE
FALSE	FALSE	FALSE	FALSE
FALSE	FALSE	FALSE	FALSE

C2:F4

1	0	4	5
2	0	0	0
3	0	0	0

(C2:F4>3)*C2:F4

0	0	4	5
0	0	0	0
0	0	0	0

COUNT 也把 0 當成數字，所以答案是 12。我們可以用 1 去除，就會得到正確答案。

1/(C2:F4>3)*C2:F4

#DIV/0!	#DIV/0!	4	5
#DIV/0!	#DIV/0!	#DIV/0!	#DIV/0!
#DIV/0!	#DIV/0!	#DIV/0!	#DIV/0!

0 不能為分母，會產生錯誤值。

那麼，可以用 SUM 計算上面的陣列呢？ SUM(1/(C2:F4>3)*C2:F4)，答案也是錯誤值。這說明 COUNT 可以忽略錯誤值，SUM 不行。

我們在第 12 章會進一步探討函數的引數意義，就像 COUNT 第 1 引數是 value，SUM 第 1 引數是 number，它們的引數標準是不同的。

COUNTIFS(E2:G2,">3",C2:C4,">3")=#VALUE!，產生錯誤值是因為 E2:G2 是直欄，而 C2:C4 是橫列，這個型態在 COUNTIFS 裡是無法計算的。

SUM(SUMIF(INDIRECT({"C1:C4","E2:F2"}),">3"))=9，這個答案也是 9，用上面 SUM((C2:F4>3)*C2:F4) 即可，而計算 >3 的個數需要用 SUM(COUNTIF(INDIRECT({"C1:C4","E2:F2"}),">3"))=2，就是正確答案。

02 篩選店面之後，計算數量 × 金額等於獎金

在 1.8 節曾經介紹過，SUBTOTAL 可以跟 OFFSET 配合進行累積加總，在 1.9 節說明過它可以忽略篩選或隱藏部分，也就是計算看到的數值。這次我們經過篩選之後，再計算銷售金額，先用 OFFSET 來標定計算範圍，SUBTOTAL 計算個數，IF 判斷個數來決定計算，最後用 SUM 加總陣列。

開啟「5.2 篩選店面之後，計算數量 x 金額等於獎金 .xlsx」。

	A	B	C	D	E	F
2		項目：	店面	數量	金額	
3			台北店	3	100	
4			新北店	5	200	
5			新北店	5	250	
6			台北店	4	210	
7			台中店	8	190	
8			新北店	9	275	
9			台南店	10	321	
10			高雄店	7	156	
11						
12		問題：	篩選店面之後，計算數量*金額=獎金			
13		解答：	獎金			
14			11687			

C2:E10 是各店面銷售狀況，點選 C2 的篩選箭號，可以篩選想要的店面計算獎金。

首先，點選 C14。

```
SUM(④
    IF(③
        SUBTOTAL(②
            3,
            OFFSET(①
                C2,
```

```
        ROW($1:$8),
    )
  ),
  D3:D10*E3:E10,0
  )
)
```

1. OFFSET 從 C2 開始，向下標定 8 格，就是 C3:C10。

2. SUBTOTAL 的 function_num=3 是 COUNTA 計算文字型個數，它跟 OFFSET 能建立多維陣列，所以答案是 {1;1;1;1;1;1;1;1}。因為 SUBTOTAL 忽略隱藏值，因此，會根據篩選而產生不同答案。假設篩選台北店與新北店，會得到 {1;1;1;1;0;1;0;0}，因篩選而隱藏的列不會被計算，合計就是 5。

	A	B	C	D	E	F
2		項目：	店面	數量	金額	
3			台北店	3	100	
4			新北店	5	200	
5			新北店	5	250	
6			台北店	4	210	
8			新北店	9	275	
11						
12		問題：	篩選店面之後，計算數量*金額=獎金			
13		解答：	獎金			
14			5865	5		

3. IF 判斷 logical_test 是 TRUE 或 1 就執行 value_is_true，得到：

logical_test	value_if_true
1	300
1	1000
1	1250
1	840
0	0
1	2475
0	0
0	0

4. 最後，用 SUM 將 IF 得到的結果加總 5,865。

COUNTIF(SUMIF…) 可以計算 2D 陣列，跟 SUBTOTAL 一樣，所以這兩個函數都可以累積加總。但是 COUNTIF 無法忽略隱藏的部分，所以，透過以下的公式篩選之後，也是一樣的答案。雖然如此，但 COUNTIF 可以條件式判斷，SUBTOTAL 則不能。公式為：SUM(IF(**COUNTIF**(OFFSET(C2,ROW($1:$8),),"<>"),D3:D10*E3:E10,0))。

另外，也有一種方式是：

```
SUM(
    SUBTOTAL(9,OFFSET(D2,ROW(1:8),)) *
    SUBTOTAL(9,OFFSET(E2,ROW(1:8),))
)
```

將數量與金額分成兩部分，然後相乘後相加，也是可行。

前面公式是可以鍛鍊自我思考與解題能力，其實還有更簡單的方法。

```
SUM(
    SUBTOTAL(
        6,
        OFFSET(
            D2,
            ROW(1:8)
            ,,
            2
        )
    )
)
```

SUBTOTAL 的 function_num=6 是 PRODUCT，陣列相乘後再相乘，SUMPRODUCT 是陣列相乘後相加，MMULT 也是陣列相乘後相加，只是相乘的方式不一樣。

PRODUCT({1;2;3},{1;3;5}) 是 (1×1) × (2×3) ×(3×5)=90。所以 OFFSET 會得到錯誤值。加個 N，得到：

看到

3
5
5
4
8
9
10
7

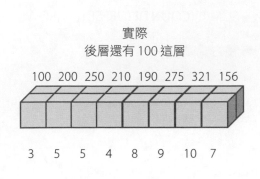

實際
後層還有 100 這層

100 200 250 210 190 275 321 156

3　5　5　4　8　9　10　7

SUBTOTAL(6) 計算之後，得到：

實際		結果
3	100	300
5	200	1000
5	250	1250
4	210	840
8	190	1520
9	275	2475
10	321	3210
7	156	1092

3×100=300，5×200=1000…以此類推。

最後，用 SUM 加總計算結果。

它也可以擴充 1 直欄，這樣就 3 直欄相乘。

項目：	店面	數量	金額	加權
	台北店	3	100	1.1
	新北店	5	200	1.2
	新北店	5	250	1.02
	台北店	4	210	1.11
	新北店	9	275	1.09
問題：	篩選店面之後，計算數量*金額=獎金			
解答：	獎金			
	5865	5		6435.15

```
SUM(SUBTOTAL(6,OFFSET(D2,ROW(1:8),,,3)))
```

只要將 SUBTOTAL 的 width 改成 3 就能得到三欄相乘的效果。

03 計算篩選後的中位數與四分位數

數值要比對才知道好不好、對不對、適不適當,通常是比較總數或平均數。統計學上有集中趨勢之稱,就是一系列數值的中間值,常見的包含算術平均數(AVERAGE)、中位數(MEDIAN)與眾數(MODE)。平均數有個缺點,當極值出現時,會有偏差,如一組數值是 1、5、99,平均數是 35,這個值偏差太嚴重,不適當,而中位數是 5 比較適合。這節將說明篩選後的中位數與四分位數。

開啟「5.3 計算篩選後的中位數與四分位數 .xlsx」。

	A	B	C	D	E	F	G
2	項目:		序號	店面	數量	金額	
3			1	台北店	3	100	
4			2	新北店	5	200	
5			3	新北店	5	250	
6			4	台北店	4	210	
7			5	台中店	8	190	
8			6	新北店	9	275	
9			7	台南店	10	321	
10			8	高雄店	7	156	
11							
12	問題:		計算篩選後的中位數與四分位數				
13	解答:		平均	中位數	篩選中位數	Aggregate	篩選合計
14			212.75	205	205	205	11687

C2:F10 是各店銷售狀況。

首先,這是金額的平均數。

```
C14=AVERAGE(F3:F10)
```

這是金額的中位數。

```
D14=MEDIAN(F3:F10)
```

序號	金額
1	100
2	156
3	190
4	**200**
5	**210**
6	250
7	275
8	321

中位數是看數列的中間位置，如果數列是偶數，取中間 2 個平均。這裡是取第 4 與第 5 個位置，金額是 200+210 的平均，答案是 205。

SUBTOTAL 沒有中位數選項，所以要用 MEDIAN 配合。

點選 E14。

```
MEDIAN(
    IF(
        SUBTOTAL(
            2,
            OFFSET(E2,ROW(1:8),)
        ),
        F3:F10
    )
)
```

前一節已經說明過類似的公式，只是將 SUM 換成 IF，還有 SUBTOTAL 的 function_num 換成 2，2 是 COUNT 計算個數，也就是個數是 1 就執行 F3:F10，所以是以 1 跟 0 來判斷是否保留 F3:F10 的值。上節曾經提過可以省略 IF，那 MEDIAN 可以省略嗎？

省略 IF 的公式是 MEDIAN(SUBTOTAL(9,OFFSET(F2,ROW(1:8),)))。

IF		省略
100	4	**100**
200	5	**200**
250		250
210		210
FALSE	1	0
275		275
FALSE	2	0
FALSE	3	0

在店面篩選台北與新北店時,從上圖可知,沒有篩選的項目,在 IF 欄是顯示 FALSE,而在省略欄是出現 0。MEDIAN 會忽略 FALSE,所以中位數是 210,而 0 並不會忽略,所以得到第 4、5 位置是 100 與 200,平均就是 150。兩個方法得到的答案是不一樣,0 會妨礙計算結果,所以使用 IF 是正確選擇。

	B	C	D	E	F	G
2	項目:	序號	店面	數量	金額	
3		1	台北店	3	100	
4		2	新北店	5	200	
5		3	新北店	5	250	
6		4	台北店	4	210	
7		5	台中店	8	190	
8		6	新北店	9	275	
9		7	台南店	10	321	
10		8	高雄店	7	156	
11						
12	問題:	計算篩選後的中位數與四分位數				
13	解答:	平均	中位數	篩選中位數	Aggregate	篩選合計
14		212.75	205	205	205	11687
15					205 <-省略IF	
16					205 <-QUARTILE	

3.2 節曾提過 QUARTILE，它也是用中位數計算四分位數，也可以計算中位數。

```
QUARTILE(
    IF(SUBTOTAL(2,OFFSET(E2,ROW(1:8),)),F3:F10),
    2
)
```

quart=2 是中位數，0 是最小值，4 是最大值。

當然，如果我們要計算營業額的中位數是多少，也可以用上節曾經提過的方法。

```
MEDIAN(
    SUBTOTAL(6,OFFSET(E2,ROW(1:8),,,2))
)
```

用 SUBTOTAL(6)=PRODUCT 來處理。

新版函數 AGGREGATE 補強了 SUBTOTAL 的不足，它有 MEDIAN 的功能。

F14 =AGGREGATE(12,1,F3:F10)，也能篩選計算中位數。

04 顯示符合條件的次數與全部資料

在 4.1 與 4.8 節曾經說明判斷連續數字的問題，本節將要探討如何判斷原始資料與比對值符合的問題。用 COUNTIFS 來計算陣列符合條件個數，MMULT 進行陣列的相乘後相加，最後用 SUM 加總全部。

開啟「5.4 顯示符合條件的次數與全部資料 .xlsx」。

	A	B	C	D	E	F	G	H	I
2	項目：	A	B	C	D	E	序號		
3		3	7	10	6	4	1		
4		5	9	17	12	16	2		
5		19	10	20	11	16	3		
6		6	3	5	13	9	4		
7		18	3	12	19	1	5		
8		11	13	5	2	18	6		
9		7	20	19	13	16	7		
10		3	17	14	2	9	8		
11		2	11	14	1	17	9		
12		3	13	1	11	4	10		
13		3	7	8	17	11	11		
14		1	2	12	5	3	12		
15		15	19	7	14	17	13		
16		11	1	5	3	2	14		
17									
18	問題：	某些數值出現次數							
19		2	11	1	5	3 數值			
20	解答：	5	4	3	2	1	0 相同數值		
21		1	1	3	4	3	2 次數		

C2:H16是各組別橫列的數值，C19:G19是判別數值（比對值），檢測它在各組別（序號）的數值出現次數。C20:H20是同時出現 5 個數值的次數，5 個數值相同有 1 次，4 個有 1 次…以此類推。

首先，點選 C21。

```
SUM(❸
   (MMULT(❷
      COUNTIF(❶
         $C19:$G19,
         $C3:$G16
      ),
      ROW($1:$5)^0
   )=C20
   )*1
)
```

1. 這個公式有三種彙總函數，COUNTIF 的 range=C19:G19，criteria=C19:G19，計算符合的個數，例如：

range	2	11	1	5	3
criteria	3	7	10	6	4
答案	1	0	0	0	0

2. 接下來，MMULT 進行橫列加總，看看各組有幾個數值符合。這是前面 5 組的計算結果。

	array1						array2		結果
1	1	0	0	0	0		1		1
2	1	0	0	0	0		1		1
3	0	0	0	1	0	↔	1	→	1
4	0	1	1	0	0		1		2
5	0	1	0	0	1		1		2

然後，=C20 是判斷 5 次都一樣是幾組，全部答案是 {1;1;1;2;2;3;0;2;3;3;2;4;0;**5**}，所以執行 MMULT 之後，判斷是否等於 5 ，然後又乘 1 轉換為數值，就是 {0;0;0;0;0;0;0;0;0;0;0;0;0;**1**}，5 次一共有 1 組。

3. 最後，用 SUM 加總陣列，得到 1。

接下來，將符合條件的組別數值依序列出來。

點選 C25。

```
IFERROR(❼
   SMALL(❻
      IF(❺
         TRANSPOSE(❹
            INDEX(❸
               $C$3:$G$16,
               SMALL(❷
                  IF(❶
                     MMULT(
                        COUNTIF($C$19:$G$19,$C$3:$G$16),
                        ROW($1:$5)^0
                     )=$C$23,
                     ROW($1:$14)
                  ),
                  ROW(A1)
               ),
               0
            )
         )=$C$19:$G$19,
         $C$19:$G$19
      ),
   COLUMN(A1)
   ),
   ""
)
```

1. MMULT 已經找出各組別有幾個符合數值，C23 是有幾個是相同數值（以 3 個為例）。我們要將 T/F 轉成序數，所以使用 IF，當然乘上 ROW(1:14) 也可以，但是，它會產生 0，對下一步的 SMALL 找到最小值是不準確的，所以用 IF 的 value_if_false 省略時，就產生 FALSE，SMALL 會忽略它。

MMULT		ROW		結果
FALSE		1		FALSE
FALSE		2		FALSE
FALSE		3		FALSE
FALSE		4		FALSE
FALSE		5		FALSE
TRUE	→	6	→	6
FALSE		7		FALSE
FALSE		8		FALSE
TRUE	→	9	→	9
TRUE	→	10	→	10
FALSE		11		FALSE
FALSE		12		FALSE
FALSE		13		FALSE
FALSE		14		FALSE

2. SMALL 找出最小值是 6。

3. INDEX 的第 3 引數 column_num=0 是列出整列，所以是列出 C3:G16 的第 6、9、10 整列資料。

序號

6	**11**	13	**5**	**2**	18
9	**2**	**11**	14	**1**	17
10	**3**	13	**1**	**11**	4

比對值

2	11	1	5	3

求出整列時，要進行比對才知哪些數值是符合的。

4. 接下來，比對數值的正確性，必須將陣列轉置才可比對，所以用 TRANSPOSE，以組別 No.6 為例得到：

比對值	2	11	1	5	3
11	FALSE	TRUE	FALSE	FALSE	FALSE
13	FALSE	FALSE	FALSE	FALSE	FALSE
5	FALSE	FALSE	FALSE	TRUE	FALSE
2	TRUE	FALSE	FALSE	FALSE	FALSE
18	FALSE	FALSE	FALSE	FALSE	FALSE

我們就可以找到 2、11、5 的數值。

5. 這是 5×5 的陣列，為了方便顯示正確數值，所以再一次用 IF 轉換，一樣是 C19:G19 的比對值，得到：

比對值	2	11	1	5	3
11	FALSE	11	FALSE	FALSE	FALSE
13	FALSE	FALSE	FALSE	FALSE	FALSE
5	FALSE	FALSE	FALSE	5	FALSE
2	2	FALSE	FALSE	FALSE	FALSE
18	FALSE	FALSE	FALSE	FALSE	FALSE

6. SMALL 依序由小到大取值。

7. IFERROR 錯誤值顯示空白。

05 根據銷售額進行銷售分配

各專案都有業務員負責銷售，現在要計算各別業務員的分配量。MMULT 判斷業務員參與專案的紀錄，然後除以 MMULT 計算的專案的人數，可得到銷售額分配比例，最後 SUMPRODUCT 計算業務員的銷售額分配量。

開啟「5.5 根據銷售額進行銷售分配 .xlsx」。

	B	C	D	E	F	G
2	項目：	銷售員A	銷售員B	銷售員C	銷售額	專案序號
3		Amy	Peter		10,000	1
4		Robert	Amy		20,000	2
5		Peter	Robert	Sherry	30,000	3
6		Amy	John	Sam	45,000	4
7		Robert	Sam		18,000	5
8		Sherry			12,000	6
9		合計			135,000	
10						
11	問題：	根據銷售額進行銷售分配				
12	解答：	銷售員	分配額			
13		Amy	30,000			
14		Robert	29,000			
15		Peter	15,000			
16		Sherry	22,000			
17		John	15,000			
18		Sam	24,000			
19		合計	135,000			

C2:G8 是專案銷售員銷售額狀況，根據 F 欄銷售額進行銷售員分配。

首先，點選 D13。

```
SUMPR ODUCT(❸
    MMULT(❶
        N(C$3:E$8=C13),
        {1;1;1}
    )/
    MMULT(❷
        N(C$3:E$8<>""),
        {1;1;1}
    ),
    F$3:F$8
)
```

1. N 是將 C3:E8 的各專案銷售員與 C13 各別銷售員（Amy）進行比對後，轉為數值（T/F → 1/0），然後 MMULT 計算橫列的值，就是判斷 Amy 是否參與各專案。得到：

array1				array2		MMULT	專案
1	0	0		1		1	1
0	1	0	↔	1	→	1	2
0	0	0		1		0	3
1	0	0				1	4
0	0	0				0	5
0	0	0				0	6

運算結果可知 Amy 參與專案 No.1、2 與 4。

2. 接下來，計算各專案參與人數，N(C$3:E$8<>"") 是將儲存格中有字串標示為 1，空白為 0，然後用 MMULT 計算。得到：

array1				array2		結果	專案
1	1	0		1		2	1
1	1	0	↔	1	→	2	2
1	1	1		1		3	3
1	1	1				3	4
1	1	0				2	5
1	0	0				1	6

結果是各專案的銷售員人數。除了 MMULT 以外，也可以用前面所提的 COUNTIF。COUNTIF(OFFSET(C2,ROW(1:6),,,3),"<>")，一樣可以取得各專案的銷售員人數。

3. 最後，銷售員的專案參與／各專案的銷售員人數就可以取得專案銷售員比例，然後使用 SUMPRODUCT 計算，可得：

Amy 比例		銷售額	專案
0.5		10000	1
0.5		20000	2
0	↔→	30000	3
0.3333		45000	4
0		18000	5
0		12000	6

陣列相乘後相加，Amy 就可以得到 30,000 元的總分配銷售量。

06 計算各月份產品平均單價

要計算各月份的產品平均單價，但因為每批次的一箱單價各有不同，所以將產品單價乘以每箱的數量，再除以數量總和，就是平均每箱單價。看似簡單，但要分類計算就會比較困難。判斷月份，再判斷品名，然後用 MMULT 根據條件計算每箱數量與單價，最後用 PRPDUCT 計算陣列。

開啟「5.6 計算各月份產品平均單價 .xlsx」。

	日期	品名	數量/箱	單價
項目：				
	1月5日	香蕉	20	250
	1月7日	蘋果	10	515
	1月16日	香蕉	25	245
	1月22日	芭樂	14	415
	2月7日	蘋果	26	540
	2月19日	香蕉	29	230
	2月27日	芭樂	10	395
	3月7日	香蕉	21	310
	3月8日	香蕉	22	315
	3月18日	芭樂	15	420
	3月30日	蘋果	12	560

問題：	計算各月份產品平均單價		
解答：	月份	香蕉	芭樂	蘋果
	1	247.22	415.00	515.00
	2	230.00	395.00	540.00
	3	312.56	420.00	560.00

C2:F13 是產品銷售表，要根據各月與各產品來計算平均單價。

首先，點選 D17。

```
PRODUCT(❸
    MMULT(❷
        COLUMN($A:$K)^0,
        (MONTH($C$3:$C$13)=$C17)*❶
            ($D$3:$D$13=D$16)*
                $E$3:$E$13*
                    $F$3:$F$13^{1,0}
    )^
    {1,-1}
)
```

1. 第一步要找到符合條件的數值，用 MONTH 找 C 欄日期的 1 月份，然後判斷 D 欄品名的香蕉，接下來數量 × 單價，得到：

1 月份		香蕉		數量		單價 ^{1,0}			結果	
TRUE		TRUE		20		250	1		5000	20
TRUE		FALSE		10		515	1		0	0
TRUE		TRUE		25		245	1		6125	25
TRUE		FALSE		14		415	1		0	0
FALSE		FALSE		26		540	1		0	0
FALSE	→	TRUE	→	29	→	230	1	→	0	0
FALSE		FALSE		10		395	1		0	0
FALSE		TRUE		21		310	1		0	0
FALSE		TRUE		22		315	1		0	0
FALSE		FALSE		15		420	1		0	0
FALSE		FALSE		12		560	1		0	0

因為乘冪要先算，所以單價 ^{1,0} 會出現 2 欄陣列，而結果也會出現 2 欄陣列，除了 0 以外，任何數的 0 次方都是 1。20×250=5000，20×1=20…。

2. 接下來，用 MMULT 計算結果。

array1	array2			結果	
1	5000	20	→	11125	45
1	0	0			
1	6125	25			
1	0	0			
1	0	0			
1	0	0			
1	0	0			
1	0	0			
1	0	0			
1	0	0			
1	0	0			

直欄加總，所以 array2 是加總的陣列，array1 是橫列，為了方便計算，假設 array1 轉置，1×5000 與 1×20，另外一列則是 1×6125 與 1×25，然後直欄加總 5000+6125=11125 與 20+25=45。

3. 原則上，結果的總價是 11125÷45，但陣列無法執行。除法不行，可以轉為乘法。例如：

$$\frac{1}{2}=0.5$$

可以這樣表示

$$1\times2^{-1}=0.5$$

因此，可以將

$$\frac{11125}{45}=247.22$$

改成

$$11125\times45^{-1}=247.22$$

所以用 PRODUCT 相乘可得到：

總價	單價
11125	0.0222

答案是 247.22。

其實也可以用 SUMPRODUCT。

總價是：

```
SUMPRODUCT((MONTH(C3:C13)=C17)*(D3:D13=D16)*E3:E13*F3:F13)
```

數量是：

```
SUMPRODUCT((MONTH(C3:C13)=C17)*(D3:D13=D16)*E3:E13)
```

相除之後，答案也是 247.22，這個方法比較直接，而 PRODUCT 的方法比較有技巧性。

07 多欄累積加總

累積加總有很多方法，不是很困難，但要多欄或多列累積加總需要一點技巧。使用 OFFSET 標定範圍，再用 SUMIF 加總。

開啟「5.7 多欄累積加總 .xlsx」。

	A	B	C	D	E
2	項目：		數值_A	數值_B	
3			1	5	
4			2	6	
5			3	7	
6			4	8	
7					
8	問題：		多欄累積加總		
9	解答：		數值_A	數值_B	AB累積加總
10			1	5	6
11			3	11	14
12			6	18	24
13			10	26	36

C2:D6 是數值的陣列，計算數值 _A 與數值 _B 的累積加總。

首先，點選 C10。

```
SUMIF(❷
    OFFSET(❶
        C3,,
        {0,1},
        ROW(1:4),
    ),
    "<>"
)
```

1. OFFSET 的 reference=C3，從 C3 開始，cols={0,1} 是 2 欄，C:D 欄，而 height= ROW(1:4) 是往下延伸 4 格。

合計	數值_A			
1	1			
3	1	2		
6	1	2	3	
10	1	2	3	4

合計	數值_B			
5	5			
11	5	6		
18	5	6	7	
26	5	6	7	8

OFFSET 建立多維範圍，我們以平面表示它的層次。

2. 接下來，用 SUMIF 一層一層的計算，得到兩欄的累積加總答案。

我們將 A、B 數值兩欄合計累積加總。

首先，點選 E10。

```
MMULT(
    SUMIF(OFFSET(C3,,{0,1},ROW(1:4)),"<>"),
    ROW(1:2)^0
)
```

MMULT 將上表橫列加總即可。

array1

數值_A	數值_B		結果
1	5		6
3	11	=	14
6	18		24
10	26		36

×

1	1

array2

也可以進行多欄列累積加總。

```
SUMIF(
    OFFSET(C10,,,ROW(1:4),COLUMN(A:C)),
    "<>"
)
```

OFFSET 的 height= ROW(1:4),width= COLUMN(A:C) 的範圍標定，能逐欄與逐列累積加總。

將 C10:C13 的 4×3 陣列當成計算表格，所以得到：

C10:E13

1	5	6
3	11	14
6	18	24
10	26	36

累積加總

1	6	12
4	20	40
10	44	88
20	80	160

原則上是加總上欄與上列，例如 20=1+3+5+11，88=1+3+6+5+11+18+6+14+24。用 SUM($C$10:C10)，往下往右拖曳複製也可以得到同樣答案。

08 依照先進先出法來顯示價格

每一個階段的產品價格可能不同，前一批產品賣完了，輪到這一批，就是新價格，所以需要根據庫存狀況來判斷並顯示價格。SUMIF(OFFSET) 計算累積價格，FREQUENCY 取得最新價格位置，LOOKUP 顯示新價格。

開啟「5.8 依照先進先出法來顯示價格 .xlsx」。

	B	C	D	E	F	G
2	項目：	時間	產品	批次	價格	庫存
3		3月1日	冰箱	A_01	8500	0
4		3月2日	冰箱	A_02	8000	5
5		3月3日	電視	B_01	12000	0
6		3月3日	冰箱	A_03	9000	10
7		3月4日	電視	B_02	11000	7
8		3月5日	電視	B_03	11500	12
9						
10	問題：	依照先進先出法來顯示價格				
11	解答：	產品	價格			
12		冰箱	8000			
13		電視	11000			

C2:G8 是產品價格與庫存表，是按日期排序。

首先，點選 D12。

```
LOOKUP( ❹
    1,
    0/
    FREQUENCY( ❸
        1,
        SUMIF( ❷
            OFFSET(D$3,,,ROW($1:$6)), ❶
            C12,
            G$3:G$8
```

```
        )
    ),
    $F$3:$F$8
)
```

1. OFFSET 的 reference=D3，從 D3 開始，height=ROW(1:6)，往下 6 格，就是 D3:D8。

2. SUMIF 的第 1 引數 range 可接受 OFFSET 所標定的範圍，第 2 引數 criteria=C12 是冰箱，sum_range=G3:G8 是庫存量。只要 D 欄產品是冰箱就累積 D 欄庫存量。

產品		庫存		累積量
冰箱		0		0
冰箱		5		5
電視	→	0	→	5
冰箱		10		15
電視		7		15
電視		12		15

OFFSET 取得的是多維度資料，所以並不是上表產品所顯示的資料，而是 #VALUE!，如果用 T 轉換文字，都是冰箱，為了容易辨識，所以列出 D3:D8 的產品。從表中可以看到庫存根據產品（冰箱）來累積數量。

3. FREQUENCY 本來是計算區間的個數，函數的 data_array=1，表示找 1 在區間的位置。所以取得：

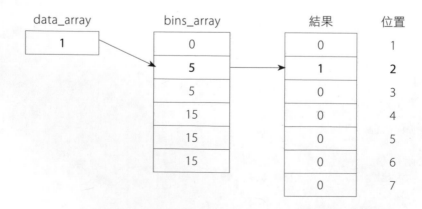

data_array	bins_array	結果	位置
1	0	0	1
	5	1	2
	5	0	3
	15	0	4
	15	0	5
	15	0	6
		0	7

找到第二位置。

4. 最後，LOOKUP 的 lookup_value=1，lookup_vector 是 用 0/上 表 的 結 果，result_vector=F3:F8 價格欄。結果是：

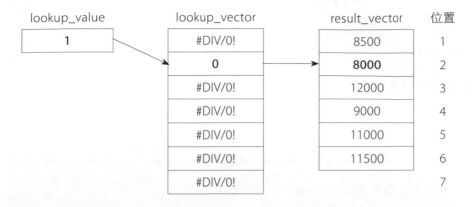

LOOKUP 計算之後，得到 8000。

這個公式是用 FREQUENCY 來判斷各產品庫存累積數字的第一個位置，促進函數靈活應用的理解。當然也有更簡易的方法，如以下的公式，先利用 IF 進行篩選，將 0 庫存排除，然後 MATCH 找出查閱值位置，INDEX 顯示資料。公式為：

```
INDEX(F$3:F$8,MATCH(C12,IF(G$3:G$8,D$3:D$8),0))
```

09 依照分數評定等級

分數的評等不是件難事，只要設定一個評等表，就能用 VLOOKUP 去找到等級。本節將應用 CHOOSE、MMULT、PERCENTILE、VLOOKUP、LOOKUP 等函數來解決這個問題。

開啟「5.9 依照分數評定等級 .xlsx」。

項目：	分數	排名	4等級_1	4等級_2	4等級_3	4等級_4	4等級_5
	81	5	B	B	B	B	B
	65	8	C	C	C	C	C
	95	2	A	A	A	A	A
	76	6	C	C	C	C	C
	98	1	A	A	A	A	A
	91	3	B	B	B	B	B
	57	9	D	D	D	D	D
	88	4	B	B	B	B	B
	55	10	D	D	D	D	D
	68	7	C	C	C	C	C
問題：	分數依照前20%、50%、80%及20%以下評定等級						
解答：	參考上表						

C 欄是分數，B 欄是分數排名，評等標準是前 20% 是 A，50% 是 B，80% 是 C，其他是 D，意思如下表：

比例	等級
80-100%	A
50-79%	B
20-49%	C
0-19%	D

首先，點選 E3。

```
CHOOSE (❸
    MMULT (❷
        (C3:C12>=
            PERCENTILE(❶
                C3:C12,
                {0.8,0.5,0.2,0}
            )
        ) *
        C3:C12,
        {1;1;1;1}
    ) /
    C3:C12,
    "D","C","B","A"
)
```

1. QUAUTILE 是四分位數，而 PERCENTILE 是百分位數，用來計算第 2 引數 k 值 (百分比或 0-1) 在陣列的數值。第 1 引數 array=C3:C12 分數欄，根據題目需求來設定 k 值，前 20% 設定 0.8，50% 設定 0.5，80% 設定 0.2，其他設定 0。得到答案是 {91.8,78.5,63.4,55}，這表示 >=91.8 是 A，>=78.5 是 B，>=63.4 是 C，>=0 是 D。然後再乘上 C3:C12 分數欄。得到：

A	B	C	D
0	81	81	81
0	0	65	65
95	95	95	95
0	0	76	76
98	98	98	98
0	91	91	91
0	0	0	57
0	88	88	88
0	0	0	55
0	0	68	68

横列 4 個都有就是 A，3 個就是 B，以此類推。

2. 因此，要橫列計算個數，MMULT 進行橫列加總再除以分數欄，就是個數。
   得到：

	A	B	C	D		結果		等級
	0	81	81	81		3		B
	0	0	65	65		2		C
	95	95	95	95		4		A
	0	0	76	76		2		C
	98	98	98	98	→	4	→	A
	0	91	91	91		3		B
	0	0	0	57		1		D
	0	88	88	88		3		B
	0	0	0	55		1		D
	0	0	68	68		2		C

因此，得到橫列個數表示它的等級，接下來要將個數轉換為等級。

3. CHOOSE 能根據第 1 引數 index_num 的數值，來判斷是第幾個 value，1 就是
   第 2 引數的 value1，以此類推，所以就會得到等級。

接下來，來看看 F 欄的 F3。

```
CHOOSE(
    5-
        MMULT(
            N(
                3:C12>=
                    PERCENTILE(C3:C12,{0,0.2,0.5,0.8})
            ),
            {1;1;1;1}
        ),
    "A","B","C","D"
)
```

這個公式跟前面一個的概念差不多，只是不用再轉到分數去計算個數，MMULT 的
第一引數 array 得到：

A	B	C	D		結果
1	1	1	0		3
1	1	0	0		2
1	1	1	1		4
1	1	0	0		2
1	1	1	1	→	4
1	1	1	0		3
1	0	0	0		1
1	1	1	0		3
1	0	0	0		1
1	1	0	0		2

直接得到 1 與 0，MMULT 計算後就可以得到等級數值。

然後，點選 G3。

```
CHOOSE(
    VLOOKUP(
        C3,
        PERCENTILE(C$3:C$12,{0;0.2;0.5;0.8})*
            {1,0}+{0,1;0,2;0,3;0,4},
        2,
        1
    ),
    "D","C","B","A"
)
```

這次用 VLOOKUP 需要查詢表，我們可以內建查詢表，第 2 引數的 table_array 使用 PERCENTILE 建立表格，乘上 {1,0} 是建立 5×2 等級表，得到：

55	0
63.4	0
78.5	0
91.8	0

第 2 欄是 0，應該是填上 ABCD 等級，這裡我們只能加入 {0,1;0,2;0,3;0,4}，得到：

55	1
63.4	2
78.5	3
91.8	4

接下來就可以用 VLOOKUP 根據分數找到等級值，再透過 CHOOSE 找到等級。

點選 H3 來看看另外一個簡單的方法。

```
IFNA(
    LOOKUP(
        C3,
        PERCENTILE(C$3:C$12,{0.2;0.5;0.8})),
        {"C","B","A"}
    ),
    "D"
)
```

原則上，透過 LOOKUP 的 lookup_value 去查詢 PERCENTILE 所建立的陣列，然後反應到第 3 引數的 result_vector，如果不在範圍裡，顯示錯誤，就是 D 等級。

當然，更簡單方式是建立等級表：

標準分	等級
55	D
63.4	C
78.5	B
91.8	A

最後，再用 I3=VLOOKUP(C3,K$3:L$6,2) 的模糊搜尋就可以顯示等級。

分數一共有 10 個，所以根據比例，2 個 A 是前 20%，3 個 B 是 50%-79%，3 個 C 是 20%-49% 與 2 個 D 是 0-19%，從 D 欄的排名可以驗證答案正確性。

本章說明如何在多次計算中應用彙總函數，當然，在 Excel 分類中，沒有彙總函數類別，只能從統計、數學函數中找到最常用的函數，通常多次計算是第一次計算返回陣列，再計算一次陣列資料。所以，了解陣列應用知識是必須的，如此你才能快速與優質地使用多次計算。

搜尋式參照

根據搜尋值去陣列找到答案是搜尋（查找、查閱、查詢）函數，當然它也不在 Excel 類別之中，所以大部分在查閱與參照函數或文字函數之中。前幾章已經使用過 FIND 與 SEARCH，在第 2 章也有列表說明 MATCH、VLOOKUP、LOOKUP 等等，本章將深度探討搜尋或查閱函數的應用。

本章重點

6.1　依照關鍵字取得判斷詞

6.2　計算代號有 1 與 9 的數值

6.3　單位為 X 的唯一值姓名有幾位

6.4　依單位串接姓名

6.5　符合多條件時就顯示狀況

01 依照關鍵字取得判斷詞

FIND 通常應用在儲存格的字串搜尋，它也可以用在陣列上，所以我們可以從關鍵字表搜尋字句是否符合，找到之後，顯示判斷詞。使用 FIND 的關鍵字搜尋字句，因為是多欄列陣列，所以用 MMULT 計算讓它成為單欄式陣列，再用 LOOKUP 來顯示判斷詞。

FIND 與 SEARCH 的差異是 SEARCH 不分大小寫，可用萬用字元，而 FIND 相反。

開啟「6.1 依照關鍵字取得判斷詞 .xlsx」。

	B	C	D	E	F	G
2	項目：	判斷詞		關鍵字		
3		口碑	不錯	好	強	厲害
4		疑問	多少	如何	嗎	甚麼
5		價格	價格	錢		
6		性能	照相	畫素	G	
7						
8	問題：	依照關鍵字取得判斷詞				
9	解答：	字句	判斷詞	多值判斷詞		
10		電腦價格	價格	價格		
11		手機公司				
12		筆電多少錢	價格	疑問	價格	
13		功能如何	疑問	疑問		
14		這是甚麼	疑問	疑問		
15		哪一個比較好	口碑	口碑		
16		手機照相強嗎?	疑問	口碑	疑問	性能
17		手機有128G	性能	性能		
18		價格優惠措施	價格	價格		

D3:G6 是關鍵字表，C9:C18 是字句，用 D3:G6 的關鍵字搜尋字句，找到之後顯示判斷詞。

首先，點選 D10。

```
IFERROR(❻
    LOOKUP(❺
        0,
        0/
        MMULT(❹
            IFERROR(❸
                FIND(❷
                    IF(D$3:G$6<>"",D$3:G$6),❶
                    C10
                ),
                0
            ),
        ROW(1:4)^0),
    C$3:C$6),
    ""
)
```

1. 因為 D3:G6 有空白存在，用 FIND 會找到第 1 個值，所以用 IF 將表格進行轉換，空白就會填入 FALSE。

不錯	好	強	厲害
多少	如何	嗎	甚麼
價格	錢	FALSE	FALSE
照相	畫素	G	FALSE

2. 然後用這個陣列去找 C10= 電腦價格，結果用陣列的第 1 欄，第 3 列的關鍵字，找到 C10（電腦**價格**）的第三個字。

#VALUE!	#VALUE!	#VALUE!	#VALUE!
#VALUE!	#VALUE!	#VALUE!	#VALUE!
3	#VALUE!	#VALUE!	#VALUE!
#VALUE!	#VALUE!	#VALUE!	#VALUE!

3. 接下來，將錯誤值轉為 0。因為 MMULT 計算陣列必須是數值。

4. 使用 MMULT 來計算橫列數值。

array1					array2		結果
0	0	0	0		1		0
0	0	0	0	↔	1	→	0
3	0	0	0		1		3
0	0	0	0		1		0

結果是取得一直欄陣列。

5. 然後用 0 去除以陣列，得到 {#DIV/0!;#DIV/0!;0;#DIV/0!}，只有第三個是 0。LOO KUP(0,{#DIV/0!;#DIV/0!;0;#DIV/0!},C$3:C$6) 會得到價格字串。

6. 最後用 IFERROR 判斷錯誤值為空白。

當然這個方法只能取得一直欄的資料，如果它有符合多關鍵字時，是無法顯示的，所以我們用另外一個公式，可以顯示多值。點選 E12。

```
IFERROR(INDEX($C$3:$C$6,SMALL(IF(MMULT(IFERROR(FIND(IF($D$3:$G$6<>"",
$D$3:$G$6),$C10),0),ROW($1:$4)^0),ROW($1:$4)),COLUMN(A:A))),"")
```

原則上，兩個公式的差異是 INDEX(SMALL(IF)) 將 MMULT 計算結果轉成 1-4 序號，然後依序取出最小值，INDEX 再顯示資料。

我們以「筆電多少錢」為例。

MMULT	ROW	IF	SMALL		INDEX	
0	1	FALSE	2	3	疑問	價格
3	2	2				
5	3	3				
0	4	FALSE				

SMALL 的 k=COLUMN(A:A)=1，往右拖曳複製時，成為 COLUMN(B:B)=2，所以會顯示第 1 個與第 2 個最小值，2 與 3。然後 INDEX 的 array=C3:C6，row_num 是 2 與 3，第 2 個是疑問，第 3 個是價格。

02 計算代號有 1 與 9 的數值

以多查詢值去搜尋陣列用 FIND 很恰當，而 LOOKUP 系列只能返回單值。用 FIND 去搜尋陣列，然後用 1-ISERR 轉為 0/1，再使用 MMULT 進行橫列加總，最後用 SUM 再次加總。

開啟「6.2 計算代號有 1 與 9 的數值 .xlsx」。

	A	B	C	D
2		項目：	代號	數值
3			A10235	15
4			B24567	26
5			C35894	48
6			D12349	19
7			E25668	23
8				
9		問題：	計算代號有1與9的數	
10		解答：	82	

C2:D7 是資料表，其中 C 欄是代號，D 欄是數值。

首先，點選 C10。

```
SUM(❹
    (MMULT(❸
       1-ISERR(❷
          FIND(❶
             {1,9},
             C3:C7
          )
       ),
       {1;1}
    )>0
    )*
    D3:D7
)
```

1. FIND 的 find_text=1 和 9，搜尋 C 欄代號，結果如下：

FIND			1-ISERR	
2	#VALUE!		1	0
#VALUE!	#VALUE!		0	0
#VALUE!	5	→	0	1
2	6		1	1
#VALUE!	#VALUE!		0	0

2. 以往遇到錯誤值會用 IFERROR(IF(FIND({1,9},C3:C7),1),0)，將它轉成 0 與 1。這次我們使用 1-ISERR，ISERR 判斷是否錯誤，有錯誤值就是 TRUE，沒有就是 FALSE，然後用 1-T/F，T 是 1，F 是 0，如此數值就是 1，錯誤值就是 0。必須注意的一點是：在數學邏輯判斷時，T/F 是大於數值，TRUE<1 答案是 FALSE。

3. 接下來要橫列加總，使用 MMULT 計算，再用 >0 來轉成 0 與 1，1 表示符合 1 與 9 的查詢值，然後乘上 D 欄數值。

MMULT		>0		乘上數值
1		TRUE		15
0		FALSE		0
1	→	TRUE	→	48
2		TRUE		19
0		FALSE		0

4. 最後用 SUM 加總，答案是 82。

03 單位為 X 的唯一值姓名有幾位

只單純列出陣列的不同值比較簡單，要列出相同單位的不同值就需要函數技巧。先用 MATCH 判斷各姓名出現的位置，然後乘上 X 單位，用 FREQUENCY 計算資料在序數組間的個數、IF 轉換序數，用 SMALL 找出最小值，然後 INDEX 依序列出姓名。

開啟「6.3 單位為 X 的唯一值姓名有幾位 .xlsx」。

	A	B	C	D	E	F	G	H	I
2	項目：		姓名	Amy	Sam	Amy	Peter	John	Peter
3			單位	X	Y	Y	X	X	X
4									
5	問題：		單位為X的唯一值姓名有幾位						
6	解答：		一共有：	3					
7			名單有：	Amy	Peter	John			

C2:I3 是姓名與單位陣列。

首先，點選 D6，這是唯一值的個數。

```
COUNT(❹
    IF(❸
        FIND("X",D3:I3)❷
            *
        MATCH(D2:I2,D2:I2,)❶
            =
        COLUMN(A:F),
        1
    )
)
```

1. 我們曾在 1.1 節學過用 COUNTIF 計算本身的個數，而 MATCH 也有同樣道理，只是它不是計算個數，而是陣列位置。第 3 引數 match_type=0 省略，完全符合 lookup_value 才是 TRUE。

lookup_value	Amy	Sam	Amy	Peter	John	Peter
lookup_array	Amy	Sam	Amy	Peter	John	Peter
結果	1	2	1	4	5	4
序數	1	2	3	4	5	6

2. 然後 FIND 判斷 X 單位，再與 MATCH 相乘，就可以得到 X 單位的姓名唯一值，再跟序數進行比對。

FIND	1	#VALUE!	#VALUE!	1	1	1

×

MATCH	1	2	1	4	5	4

↓

相乘	1	#VALUE!	#VALUE!	4	5	4

↓

=COLUMN	1	2	3	4	5	6

↓

結果	TRUE	#VALUE!	#VALUE!	TRUE	TRUE	FALSE

得到第 1、4、5 個是 X 單位姓名的唯一值，下一步要列出這幾個姓名。

3. 為了方便計算，我們使用 IF 將 TRUE 轉為 1，也可以用 N 轉數值。

1	#VALUE!	#VALUE!	1	1	FALSE

4. 用 COUNT 計算陣列數值個數，COUNT 可以忽略錯誤值與 T/F，答案是 3。

1.1 節也學過 SUM(1/COUNTIF(D2:I2,D2:I2)) 來計算唯一值個數，但這個是沒有條件的限制。

我們知道有 3 個是 X 單位的唯一值姓名，接下來，要將這 3 個列出來。點選 D7。

```
INDEX(❹
    $D2:$K2,
    SMALL(❸
        IF(❷
            FREQUENCY(❶
                ("X"=$D3:$I3)*
                    MATCH($D2:$I2,$D2:$I2,),
                ROW($1:$6)
            ),
            ROW($1:$6),
            7
        ),
        COLUMN(A1)
    )
) &""
```

1. FREQUENCY 的 data_array 跟前面公式類似，把 FIND 改為 "X"=D3:I3，而 bins_array=ROW(1:6)，所以會得到：

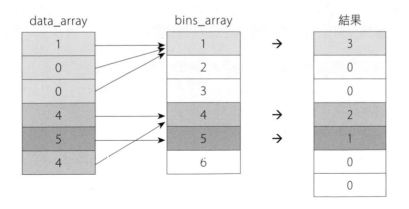

2. 再用 IF 將 >0 轉成序數，而 0 轉為 7。

logical_test		value_is_true		value_is_false		結果
3		1	→	7	→	1
0		2				7
0	→	3				7
2		4			→	4
1		5				5
0		6				7
0						7

3. SMALL 由小到大顯示值，所以依照排列是 1、4、5、7、7、7、7。

4. INDEX 的 array=D2:J2 姓名，1=Amy、4=Peter、5=John。

G7 顯示空白是因為最後的 &"" 關係，因為一共有 6 個，所以不會到第 7 個，因此在 IF 的 value_if_false 設定為 7。當然以前曾提過 IF 的 value_if_false 可省略，就會顯示 FALSE 方便 SMALL 的運作，但向右拖曳複製到 G7 時，會產生錯誤值，因為 SMALL 會忽略 FALSE，所以就會產生錯誤。如果設定為 7，就是 SAMLL(7)，第 7 個位置。

INDEX 的 array=D2:J2 是 7 格，多 1 格，就形成 INDEX($D2:$J2,{7})&""=0&""，就會變成空白。當然你可以用以前所提過的 IFERROR(INDEX(),"")，會得到一樣的結果。

不只 INDEX 可以這樣處理，OFFSET 與 INDIRECT 也是可以的。

```
OFFSET(A1,0,)&""
INDIRECT("A1")&""
```

假設 A1 是空白，用這種方式也是空白，如果沒有 &""，答案是 0。

04 依單位串接姓名

舊版要串接陣列的字串其實有點難度，所以需要輔助欄才能達成，不然一般函數如 CONCATENATE 只能一格一格串接，PHONETIC 不能串接數字，而且只能在表格陣列運作。這節會說明在舊版如何符合條件進行陣列串接，也會說明新版串接函數。

開啟「6.4 依單位串接姓名 .xlsx」。

	A	B	C	D	E
2		項目：	單位	姓名	輔助欄
3			A	Amy	Amy
4			A	Cindy	Amy,Cindy
5			B	Robert	Robert
6			A	Peter	Amy,Cindy,Peter
7			B	Sam	Robert,Sam
8			B	Marry	Robert,Sam,Marry
9					
10		問題：	依單位串接姓名		
11		解答：	單位		姓名
12			A	Amy,Cindy,Peter	
13			B	Robert,Sam,Marry	

C2:D8 是單位與姓名表格，要依單位串接姓名。

首先，點選 E3 輔助欄。

```
IF(❶
    SUMPRODUCT((C$3:C3=C3)*1)=1,❷
    D3,
    LOOKUP(❸
        1,
        0/(C$2:C2=C3),
```

```
    E$2:E2
  )&","&D3
)
```

1. 先簡化成 IF(SUMPRODUCT,D3,LOOKUP)，而 SUPRODUCT 判斷單位是否符合條件，如果是，執行 D3 顯示姓名；如果不是，就執行 LOOKUP。

2. SUMPORDUCT 的第 1 引數 array1 是計算 D 欄是否等於 Amy，往下拖曳複製時，會產生變化。E1 是 C$3:C3=C3，E2 是 C$3:C4=C4，C$3 因為 $ 的因素，固定不變，所以 C$3:C3=C3 是 TRUE，計算之後是 1，1=1 是 TRUE，因此執行 IF 第 2 引數 value_if_true=D3=Amy。

3. E3 的 IF 這個公式不會跳到第 3 引數 value_if_false，所以使用 E4。E4 的 SUMPRODUCT 計算之後是 2，不等於 1，所以執行第 3 引數 value_if_false。LOOKUP(1,0/(C$2:C3=C4),E$2:E3)&","&D4)，第 2 引數 C$2:C3=C4，得到 {FALSE;TRUE}，0/{FALSE;TRUE}= {#DIV/0!;0}，lookup_value=1 找到第 2 個，反應到 result_vector= E$2:E3 的第二個是 Amy，最後串接 D4=Cindy，所以答案是 Amy,Cindy。

在 E 欄的輔助欄已經有串接資料，然後我們要列出各單位的完整串接。接下來，點選 D12。

```
LOOKUP(❷
  1,
  0/FIND(❶
    C12,
    $C$3:$C$8
  ),
  $E$3:$E$8
)
```

1. FIND 是以 C12=A 搜尋 C 欄單位，然後用 0 除，得到 {0;0;#VALUE!;0;#VALUE!;#VALUE!}，第 1、2 與 4 個是符合條件。

2. LOOKUP 的 lookup_value=1 去找陣列，找不到會返回最後 1 個值，第 4 個，答案就是 Amy,Cindy,Peter。

要串接陣列資料確實有難度，這是舊版的函數缺點，新版已經改善這個缺點，推出新函數。

舊版串接方法：CONCATENATE、&、PHONETIC。

新版新增方法：TEXTJOIN、CONCAT、TEXTTOARRAY。

```
PHONETIC((D3:D4,D5))
```

PHONETIC 也能串接資料，但只限文字型。

```
D3&","&D4&","&D5
```

這個方式一個一個串接也是可行，但資料多的話，要花很多時間。

```
CONCATENATE(D3,",",D4,",",D5)
```

這個函數跟 & 類似，只能一個一個串接。

```
ARRAYTOTEXT(FILTER(D3:D8,C3:C8="A"))
```

新函數可以串接陣列，但還是需要其他函數解決問題，有點麻煩。

```
CONCAT(IF(C3:C8="A",D3:D6,""))
```

也是新函數，裡面也需要函數去判斷條件，中間無法隔絕使用間隔符號。

```
TEXTJOIN(",",,IF(C3:C8="A",D3:D6,""))
```

這是新函數，比較符合這個題目的答案。

05 符合多條件時就顯示狀況

前面主要是說明單條件比對資料正確性，本節要用多條件來判斷。如果是完全相等的比對，有時可以用等號來代替 FIND，但如果是部分相等的話，就只能用 FIND 或 SEARCH。

開啟「6.5 符合多條件時就顯示狀況 .xlsx」。

	A	B	C	D	E	F
2		項目：	機器	料號	生產月份	狀況
3			X-1/X-3	A12	202101	預備中
4			X-4/X-3	B34	202102	在庫
5			X-1/X-2	C45	202103	在途
6			X-3/X-4/X-	D78/E00	202104	在庫
7						
8		問題：	符合多條件時就顯示狀況			
9		解答：	機器	料號	生產月份	狀況
10			X-4	D78	202104	在庫

C2:F6 是機器生產狀況表，希望透過篩選來判斷物料狀況。

首先，點選 F10。

```
LOOKUP(❷
    1,
    0/
    (
        FIND(C10,C3:C6)*  ❶
        FIND(D10,D3:D6)*
        (E10=E3:E6)
    ),
    F3:F6
)
```

1. 這是多條件比對判斷，因為 C10=X-4 只是 C 欄機器的部分相等，所以用 FIND 來處理，而 E10=202104 在 E 欄生產年月是完全相等，所以用等號即可。判斷之後，取得：

機器
#VALUE!
1
#VALUE!
5

料號
#VALUE!
#VALUE!
#VALUE!
1

生產月份
FALSE
FALSE
FALSE
TRUE

結果
#VALUE!
#VALUE!
#VALUE!
5

比對之後，彼此相乘得到第 4 個是正確。

2. 然後，用 0 去除以結果，得到 {#VALUE!;#VALUE!;#VALUE!;0}，第 4 個從 5 轉為 0。LOOKUP 的 lookup_value=1 去搜尋 lookup_vector，得到第 4 個，反應到 result_vector 的第 4 個在庫。

資料比對的完整性可分為完全相等、部分相等與模糊相等，比對型態可以是文字型、數值型與日期型。原則上，日期也是數值的一種，以 1900/1/1 為第 1 天算起。

進入比對工作表。

完全相等

日期	姓名	銷量
1/1	周伯東	13
2/3	林炳知	25
3/5	郭達轄	38
4/6	周英豪	45
5/17	林冠軍	59
6/24	黃耀司	68

比對值
周伯東
林冠軍
冠

假設用比對值去比對姓名欄，要完全符合。

	No.1	No.2	No.3		
1	TRUE	TRUE	TRUE	FALSE	FALSE
2	FALSE	FALSE	FALSE	FALSE	FALSE
3	FALSE	FALSE	FALSE	FALSE	FALSE
4	FALSE	#N/A	FALSE	FALSE	FALSE
5	FALSE	#N/A	FALSE	TRUE	FALSE
6	FALSE	#N/A	FALSE	FALSE	FALSE

No.1 是 F3=C3:C8(周伯東 = 姓名欄)，透過等號來比對一筆資料。

No.2 是 F3:F5=C3:C8(比對值 = 姓名欄)，陣列資料平行比對，只能第 1 筆跟第 1 筆，第 2 筆跟第 2 筆比對，所以只有第 1 筆正確。

No.3 是 TRANSPOSE(F3:F5)=C3:C8，透過轉置其中一欄資料，就可以達成多筆資料比對。第 1 個比對值在第 1 欄，所以林冠軍是第 2 欄的第 5 筆資料。

部分相等

當然 FIND 也能達成這種效果，只是返回數值。

No.3 改成 FIND(TRANSPOSE(F3:F5),C3:C8)，注意需要轉置資料。

No.3		
1	#VALUE!	#VALUE!
#VALUE!	#VALUE!	#VALUE!
#VALUE!	#VALUE!	#VALUE!
#VALUE!	#VALUE!	#VALUE!
#VALUE!	1	2
#VALUE!	#VALUE!	#VALUE!

FIND 不一定都是 1，而是返回第幾個正確字元。如比對值第 3 筆是「冠」，結果是在第 3 欄第 5 筆資料，而且是在第 2 字元，所以 FIND 可以部分相等。

模糊相等

FIND 雖然可以部分相等，但不能模糊比對相等。大部分是數字型的模糊搜尋，而文字型必須比對 CODE，但筆劃比較多，並不代表數值越大。以前學過的 LOOKUP 系列的 LOOKUP、VLOOKUP、HLOOKUP 與 MATCH 的第 1 引數是 lookup_value，都可以進行模糊比對找到上一筆資料。前面我們曾經提過，如果想要找到下一筆需要用 FREQUENCY。

```
VLOOKUP(27,D3:D8,1,1)
```

模糊比對，搜尋 27，顯示 27 的上一筆資料 25。

```
LOOKUP(27,D3:D8)
```

這個也是一樣，顯示 25。

```
MATCH(27,D3:D8,1)
```

返回第 2 筆，是 25。

```
MAX(FREQUENCY(27,D3:D8)*ROW(1:7))
```

顯示 27 下一筆，第 3 筆資料。

```
MAX(FREQUENCY(27,D3:D8)*D3:D9)
```

第 3 筆的答案是 38。

至於資料型態，可以用 TYPE、ISNUMBER、ISTEXT、ISERR、ISERROR、IFERROR、IFNA、CELL 等這些函數判斷。

其中 CELL("format") 可以判斷日期與時間，LEFT(CELL("format",A1))="D"。大部分時間就是數字，ISNUMBER 或 >0 就可以判斷是否為數字，但無法判斷不是日期，這個是唯一可以判斷日期的公式。

本章說明搜尋函數與參照函數的配合處理比較複雜的問題，大部分應用 FIND，如果需要用萬用字元就用 SEARCH。我們除了了解 FIND 的用法以外，也熟知其他方式來比對資料，再進行參照與計算。

下一章要探討多範圍參照，進一步了解查閱與參照函數如何引用多範圍並加以
計算。

多範圍參照

我們將進入多範圍運算,前幾章大部分是在計算同範圍。接下來,我們將單範圍跨入多範圍的查閱與參照。本章探討同表參照計算,後續的章節,將會探討跨表、跨檔參照與計算。

本章重點

01 依照各區銷售加權計算總分

業務負責人在每一個區域都有加權分數,依照所銷售產品乘上加權分即是總分。首先建立輔助欄將姓名與產品合併,然後使用 MATCH 搜尋合併資料,OFFSET 標定範圍,SUM 計算總分。

開啟「7.1 依照各區銷售加權計算總分 .xlsx」。

	B	C	D	E	F	G	H	I
2	項目:	產品	數量		姓名/產品	台北區	台中區	高雄區
3		Amy			Amy	4	6	5
4		芭樂	2		Peter	6	5	4
5		蘋果	5		John	5	4	6
6		橘子	3		芭樂	23	24	28
7		Peter			蘋果	26	35	29
8		蘋果	1		橘子	36	38	31
9		橘子	4		鳳梨	23	19	18
10		鳳梨	3		香蕉	40	32	48
11		John						
12		香蕉	8					
13		鳳梨	1					
14		芭樂	3					
15								
16	問題:	依照各產品在各區的銷售加權,計算銷售分數						
17	解答:	如右上表						

B 欄白字隱藏是 C 欄業務員名稱與產品,C2:D14 是各業務員的產品銷售表,F2:I5 是各區域銷售加權分。首先,點選 B4,$C$3&C4 是輔助欄業務員名稱與產品名稱合併,方便 MATCH 搜尋。當然也可以不用合併,但需要花更多函數來解決問題,在不影響表格布局或負擔之下,設定輔助欄不失為一個好方法。

接下來，點選 G6。

```
SUM(❺
    N(❹
        OFFSET(❸
            $D$3,
            IFERROR(❷
                MATCH($F$3:$F$5&$F6,$B$4:$B$14,0),❶
                0
            ),
        )
    )*G$3:G$5
)
```

1. MATCH 的 lookup_value 是合併姓名與產品名稱，去搜尋 B 欄的輔助欄。

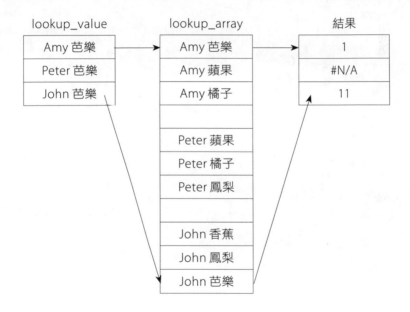

取得 {1;#N/A;11}，表示第 1 與第 11 個符合條件。

2. IFERROR 將上面結果的錯誤值轉為 0，因為 OFFSET 引數不能為錯誤值。此函數
   也可以改為 IFNA，答案一樣。

3. OFFSET 的 reference 是 D3，表示從這個儲存格開始跳格標定計算範圍。

4. OFFSET 的多維陣列標定範圍，顯示範圍的資料時，需要用 N 轉數值，得到：

N(銷售量)		台北區		結果
2		4		8
0	×	6	=	0
3		5		15

5. 然後，SUM({8;0;15})=23。

所以如果用輔助欄可以用簡單公式來能達成目標。

這個公式也可以用 MMULT 進行運算：MMULT({2;0;3},{4;6;5})，因為 array1 需要轉置成橫列，所以需要用到 TRANSPOSE。MMULT(TRANSPOSE({2;0;3}),{4;6;5})。取得：

array1				array2		結果
2	0	3	←→	4	→	23
				6		
				5		

02 查詢 2 表業務員業績

查詢一張表比較簡單，如果是多表查詢時，需要判斷查詢值是否在表中，或者用另外一種方法 — 查不到值時，會顯示錯誤，再轉至另外一張表查詢。首先，用 IF 判斷查詢值是否在表中，如果是的話，用 VLOOKUP 查詢這張表；如果不是的話，查詢另外一張表。

開啟「7.2 查詢 2 表業務員業績 .xlsx」。

	A B	C	D	E F	G
2	項目：	A表		B表	
3		業務員	業績	業務員	業績
4		周子偌	10	洪漆工	25
5		歐洋豐	20	段政存	18
6		章吾技	30	郭勁	34
7					
8	問題：	查詢2表業務員業績			
9	解答：	業務員	業績_1	業績_2	
10		周子偌	10	10	
11		段政存	18	18	
12		歐洋豐	20	20	
13		洪漆工	25	25	

C3:D6 是 A 表銷售業績表，F3:G6 是 B 表銷售業績表。

首先，點選 D10。

```
IF(❶
    OR(❷
        C10=$C$4:$C$6
    ),
    VLOOKUP(C10,$C$4:$D$6,2,0),❸
    VLOOKUP(C10,$F$4:$G$6,2,0)❹
)
```

1. IF 通常是三段論，IF(OR,VLOOKUP,VLOOKUP)，logical_test 是 OR 判斷，value_if_true 是 VLOOKUP，value_if_false 是另外一個 VLOOKUP。

2. OR 是引數 logical 只要有 1 個是 TRUE 就是 TRUE，取得 {TRUE;FALSE;FALSE}，表示有 1 個是 TRUE，所以 logical_test=TRUE。

3. IF 第 1 引數 TRUE 的話，來到第 2 引數，VLOOKUP 以 C10= 周子偌搜尋 A 表業務員，找到之後，返回 D 欄業績。

4. 如果找不到周子偌就會跳到 B 表，搜尋周子偌。

另外一個解答是 F10。

```
IFNA(
    VLOOKUP(C10,C$4:D$6,2,0),
    VLOOKUP(C10,F$4:G$6,2,0)
)
```

這是更簡單的方法。

先執行 IFNA 的第 1 引數 value，判斷是否找到 C10 的周子偌，找到了，就返回 B 表的值，如果找不到，就返回錯誤值。IFNA 的第 2 引數是 value_if_na，執行 A 表找不到，然後執行 B 表。

如果 3 個表的話，在 value_if_na 再次使用 IFNA 來判斷第 3 表。

03 依編號搜尋備註資料

若想用一張表的資料來查詢另外一張表的資料,可以用 INDEX(MATCH) 或用 VLOOKUP。首先以 FIND 來判斷字串的位置,用 LEFT 取出搜尋值,再用 FIND 找第二張表,然後 MATCH 找到字串在陣列的位置,然後用 INDEX 顯示備註資料。

開啟「7.3 依編號搜尋備註資料 .xlsx」。

	A	B	C	D	E	F	G
2	項目:		編號	數量		訊息	備註
3			abc-123	250		abc-123/4 250件5/6 完成	
4			abc-124	250		xyz-456 150件 4/28 第一階段	
5			xyz-456	150			
6							
7	問題:		依編號搜尋備註資料				
8	解答:		編號	數量	備註_1	備註_2	
9			abc-123	250	5/6 完成	5/6 完成	
10			abc-124	250	5/6 完成	5/6 完成	
11			xyz-456	150	4/28 第一階段	4/28 第一階段	

C2:D5 是第一張表資料,F2:G4 是第二張備註資料。

首先,點選 E9。

```
INDEX(❺
    G$3:G$4,
        MATCH(❹
            1,
            FIND(❸
                LEFT(❷
                    C3,
                    FIND("-",C3)-1❶
                ),
                F$3:F$4
```

```
        ),
        0
      )
  )
```

1. FIND 找 "-" 是為了讓 LEFT 取出搜尋值，"-" 是在字串的第 4 個位置，-1 是要取得前面字串，所以 -1 後等於 3。

2. 用 LEFT 取出 C3 的前三個字元，是 abc。

3. FIND 的 find_text 是 abc，搜尋第 2 張表 F 欄 abc 的位置，取得 {1;#VALUE!}。

4. MATCH 的 lookup_value=1，lookup_array 是 {1;#VALUE!}，而 match_type 是 0，表示完全符合，所以答案是 1。

5. 最後用 INDEX 顯示 G3:G4 的第 1 個位置的值，答案是 5/6 完成。

除了 INDEX(MATCH) 的方法之外，也可以用以前我們曾經提過的 VLOOKUP(IF({1,0})) 的方法。

首先，點選 F9。

```
VLOOKUP (❸
   LEFT(C3,3),❶
   IF(❷
      {1,0},
      LEFT(F$3:F$4,4),
      G$3:G$4
   ),
   2,
   0
)
```

1. 用 LEFT 取出 C3 的前三個字元 abc。

2. F 欄需要整理，所以使用 IF({1,0}) 的方法，建立陣列空間，第 2 引數 value_if_true 是取出前三個字元。結果是：

取前三個字元
abc
xyz

→

第 1 欄	第 2 欄
abc	**5/6 完成**
xyz	4/28 第一階段

3. 最後用 VLOOKUP 的 lookup_value=abc 去搜尋 lookup_array，col_index_num 是 2，是返回第 2 欄，range_lookup 是 0，完全符合。所以返回第 2 欄的第 1 個，答案是 5/6 完成。

另外一個也是常常使用的 INDEX(MATCH) 方法：

```
INDEX(G$3:G$4,MATCH(LEFT(C3,3),LEFT(F$3:F$4,3),))
```

只要將 MATCH 的 lookup_value 擷取三個字元，lookup_array 也是，就能得到答案。

04 依姓名找出分配量

這節我們將資料表分成兩張使用座標的方式來顯示搜尋值的分配量。跳格是一種不錯的搜尋方式，但如果兩張表距離很遠，就用上節所用的 IFNA(VLOOKUP(表 1),VLOOKUP(表 2)) 來解決這個問題，但這個用法有個缺點，就是表有多少個就要用多少個 IFNA(VLOOKUP)。首先用 IF 來判斷符合條件的位置，用 MIN 從陣列顯示往下格數與往右格數，然後用 OFFSET 標定儲存格。

開啟「7.4 依姓名找出分配量 .xlsx」。

	A	B	C	D	E	F	G
2		項目：	姓名	分配量		姓名	分配量
3			Amy	123		Peter	458
4			Roger	456		John	488
5			姓名	分配量		姓名	分配量
6			Sam	159		Sherry	555
7			Lee	753			
8							
9		問題：	依姓名找出分配量				
10		解答：	姓名：	Sam			
11			分配量：	159	159		

C2:D7 是第 1 張表，F2:G6 是第 2 張表，要找到 D10=Sam 的分配量。

首先，點選 D11。

```
OFFSET(❺
    $C$2,
    MIN(❷
        IF(C2:G7=D10,ROW(1:5))❶
    )-1,
    MIN(❹
        IF(C2:G7=D10,COLUMN(A:E))❸
    )
)
```

1. 用 IF 判斷搜尋值的直欄位置，所以取得：

序數			IF		
1	FALSE	FALSE	FALSE	FALSE	FALSE
2	FALSE	FALSE	FALSE	FALSE	FALSE
3	FALSE	FALSE	FALSE	FALSE	FALSE
4	FALSE	FALSE	FALSE	FALSE	FALSE
5	**5**	FALSE	FALSE	FALSE	FALSE
6	FALSE	FALSE	FALSE	FALSE	FALSE

2. MIN 找出陣列最小的數值 =5，然後 -1 是因為表格是從第 2 列開始，4 是 OFFSET 往下第 4 格。

3. 這個 IF 判斷搜尋值的橫列位置，所以取得：

序數	1	2	3	4	5
	FALSE	FALSE	FALSE	FALSE	FALSE
	FALSE	FALSE	FALSE	FALSE	FALSE
	FALSE	FALSE	FALSE	FALSE	FALSE
IF	FALSE	FALSE	FALSE	FALSE	FALSE
	1	FALSE	FALSE	FALSE	FALSE
	FALSE	FALSE	FALSE	FALSE	FALSE

4. MIN 找到最小值 =1，是 OFFSET 往右移一格。

5. 最後 OFFSET(C2,4,1)，從 C2 開始往下移動 4 格，往右移動 1 格就標定 D6 位置，答案是 159。

除了 OFFSET 的位置標定法之外，也可以用 4.6 節曾提過的 INDIRET(TEXT) 座標法。點選 E11。

```
INDIRECT (❹
   TEXT (❸
      MIN (❷
         IF (❶
            D10=C2:G7,
```

```
                    ROW(2:6)*100+COLUMN(C:G)+1
            )
        ),
    "!r0c00"
    ),
    0
)
```

1. 用 IF 來轉換座標值，取得：

	C-3	D-4	E-5	F-6	G-7
2	FALSE	FALSE	FALSE	FALSE	FALSE
3	FALSE	FALSE	FALSE	FALSE	FALSE
4	FALSE	FALSE	FALSE	FALSE	FALSE
5	FALSE	FALSE	FALSE	FALSE	FALSE
6	**604**	FALSE	FALSE	FALSE	FALSE
7	FALSE	FALSE	FALSE	FALSE	FALSE

   因為是搜尋分配量，所以需要 COLUMN(C:G)+1。

2. MIN 找最小值會忽略 FALSE，所以是 604。

3. TEXT 的 format_text 是 !r0c00，value=604 要符合格式設定，2 個 0 是顯示原來
   的值 604 的 04，c 就是顯示 c，再 1 個 0 是顯示 604 的 6。r 在 TEXT 有特殊意義，
   所以不能直接用 r，不然會有另外一個答案出現。因此，就用強制符號強制 r 就
   是 r，不代表任何意義。所以答案是 r6c04。

4. 最後是 INDIRECT("r6c04",0)，[a1]=0 是 R1C1 樣式，INDIRECT 解讀不分大小寫，
   所以顯示第 6 列與第 4 欄的值，答案就是 159。

05 計算產品零件的比例

產品是由零組件構成,組件是零件所構成,所以 A 表的組件比例必須參考 B 表,然後根據組件與零件,重新計算各產品零件的比例。在間接比的公式中,先比對 A 與 B 表的產品零組件,然後計算比例,再用 MMULT 計算兩表比對後的比例,最後 SUM 加總各比例。

開啟「7.5 計算產品零件的比例 .xlsx」。

	A	B	C	D	E	F	G	H	I
2	項目:		A表				B表		
3			產品	零組件	組裝比		組件	零件	比例
4			產品-50	A零件	10%		07組件	A零件	65.0%
5			產品-50	07組件	5%		07組件	X零件	35.0%
6			產品-50	B零件	25%		08組件	A零件	43.0%
7			產品-50	08組件	30%		08組件	B零件	36.0%
8			產品-50	D零件	15%		08組件	Y零件	21.0%
9			產品-50	09組件	15%		09組件	X零件	48.0%
10			產品-70	X零件	15%		09組件	F零件	52.0%
11			產品-70	09組件	20%				
12			產品-70	Y零件	5%				
13			產品-70	07組件	12%				
14			產品-70	B零件	25%				
15			產品-70	08組件	23%				
16									
17	問題:		計算產品零件的比例						
18	解答:		產品	零件	直接比	間接比	合計	全部加總	
19			產品-50	A零件	10%	16.2%	26.2%	100%	
20			產品-50	B零件	25%	10.8%	35.8%		
21			產品-50	D零件	15%	0.0%	15.0%		
22			產品-50	F零件	0%	7.8%	7.8%		
23			產品-50	X零件	0%	9.0%	9.0%		
24			產品-50	Y零件	0%	6.3%	6.3%		
25			產品-70	A零件	0%	17.7%	17.7%	100%	

C3:E15 的 A 表是產品零組件比例，G3:I10 的 B 表是組件的零件組成比例。

首先，點選 E19，計算零件組成直接比例。

```
SUMPRODUCT(❸
    (C$4:C$15=C19)* ❶
    (D$4:D$15=D19)* ❷
    E$4:E$15
)
```

1. SUMPRODUCT 第 1 引數 array1 是 A 表 C 欄產品要等於 C19(產品 -50)。

2. 第 2 引數 array2 是 A 表零組件要等於 D19(A 零件)。

3. SUMPRODUCT 是相乘後相加，array3 是組裝比。所以取得：

array1		array2		array3		結果
TRUE	×	TRUE	×	10%	=	10%
TRUE		FALSE		0.05		
TRUE		FALSE		0.25		
TRUE		FALSE		0.3		
TRUE		FALSE		0.15		
TRUE		FALSE		0.15		
FALSE		FALSE		0.15		
FALSE		FALSE		0.2		
FALSE		FALSE		0.05		
FALSE		FALSE		0.12		
FALSE		FALSE		0.25		
FALSE		FALSE		0.23		

下一步，計算 F19 間接比。

```
SUM(❹
    MMULT(❸
        E$4:E$15* ❶
            (C$4:C$15&D$4:D$15=TRANSPOSE(C19&G$4:G$10)),
        (H$4:H$10=D19)* ❷
```

```
        I$4:I$10
    )
)
```

1. MMULT 的 array1 是計算 A、B 兩表比對符合組件來計算組裝比，取得：

組裝比		2 表比對組件						
10%		FALSE	FALSE	FALSE	FALSE	FALSE	FALSE	FALSE
5%		TRUE	TRUE	FALSE	FALSE	FALSE	FALSE	FALSE
25%		FALSE	FALSE	FALSE	FALSE	FALSE	FALSE	FALSE
30%		FALSE	FALSE	TRUE	TRUE	TRUE	FALSE	FALSE
15%		FALSE	FALSE	FALSE	FALSE	FALSE	FALSE	FALSE
15%	×	FALSE	FALSE	FALSE	FALSE	FALSE	TRUE	TRUE
15%		FALSE	FALSE	FALSE	FALSE	FALSE	FALSE	FALSE
20%		FALSE	FALSE	FALSE	FALSE	FALSE	FALSE	FALSE
5%		FALSE	FALSE	FALSE	FALSE	FALSE	FALSE	FALSE
12%		FALSE	FALSE	FALSE	FALSE	FALSE	FALSE	FALSE
25%		FALSE	FALSE	FALSE	FALSE	FALSE	FALSE	FALSE
23%		FALSE	FALSE	FALSE	FALSE	FALSE	FALSE	FALSE

相乘之後會得到 {0,0,0,0,0,0,0;**0.05,0.05**,0,0,0,0,0;0,0,0,0,0,0,0;0,0,**0.3,0.3,0.3**,0,0;0,0,0,0,0,0,0;0,0,0,0,0,**0.15,0.15**;0,0,0,0,0,0,0;0,0,0,0,0,0,0;0,0,0,0,0,0,0;0,0,0,0,0,0,0;0,0,0,0,0,0,0;0,0,0,0,0,0,0}。

2. array2 是比例乘於符合 H 欄 A 零件，取得：

比例		符合 A 零件		結果
65%		TRUE		0.65
35%		FALSE		0
43%		TRUE		0.43
36%	×	FALSE	=	0
21%		FALSE		0
48%		FALSE		0
52%		FALSE		0

3. MMULT 將陣列相乘相加，取得：

array1 之表格與結果：

								結果
0	0	0	0	0	0	0		0%
0.05	0.05	0	0	0	0	0		3.3%
0	0	0	0	0	0	0		0%
0	0	0.3	0.3	0.3	0	0		12.9%
0	0	0	0	0	0	0		0%
0	0	0	0	0	0.15	0.15	→	0%
0	0	0	0	0	0	0		0%
0	0	0	0	0	0	0		0%
0	0	0	0	0	0	0		0%
0	0	0	0	0	0	0		0%
0	0	0	0	0	0	0		0%
0	0	0	0	0	0	0		0%

×

array2	0.65	0	0.43	0	0	0	0

計算橫列加總，為了方便閱讀，本來 array2 是直列，轉置為橫列。結果是 {0;**0.0325**;0;**0.129**;0;0;0;0;0;0;0;0}。

4. SUM({0;**0.0325**;0;**0.129**;0;0;0;0;0;0;0;0})=16.2%。

產品 -50 合計為 G19= E19+F19=26.2%。

產品 -50 全部加總為 H19 =SUM(G19:G24)=100%。

06 列出產品與贈品的組合

配對列出組合，可以一組一組列出或者組合全部列出。新版可以用 TEXTJOIN；舊版就比較麻煩，2.10 節與 6.4 節都曾探討串接的問題。原則上是將資料一格一格串接起來，然後用 LOOKUP 找最後一格。

開啟「7.6 列出產品與贈品的組合 .xlsx」。

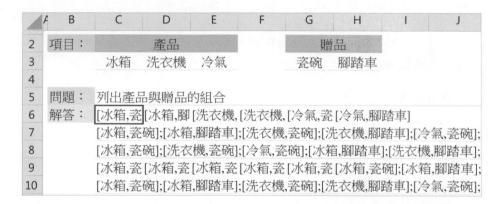

C2:E3 是產品，G2:H3 是贈品，想要列出產品與贈品的組合。

首先，點選 C6。

```
"["&  ❺
    INDEX(❷
        $C$3:$E$3,
        INT(❶
            (COLUMN(A1)-1)/2
        )+1
    )&","&
    INDEX(❹
        $G$3:$H$3,
        MOD(❸
            COLUMN(A1)-1,
```

```
            2
      )+1
   )
&"]"
```

1. 整個公式分成兩段，前面是產品，後面是贈品。第 1 段 INT 是整數，COLUMN(A1) 是 1，1-1=0，0/2=0，INT(0)+1=1。公式向右拖曳複製時，就形成 1、1、2、2、3、3。

2. INDEX(C3:E3,1)= 冰箱，向右拖曳複製時，就形成冰箱、冰箱、洗衣機、洗衣機、冷氣、冷氣。

3. 第 2 段 MOD 是取餘數，COLUMN(A1)-1=0，0/2 的餘數是 0，0+1=1。向右拖曳複製，取得 1、2、1、2、1、2。

4. INDEX(G3:H3,1)= 瓷碗，向右拖曳複製，答案是瓷碗、腳踏車、瓷碗、腳踏車、瓷碗、腳踏車。

5. 利用中括號括起來，就形成：

[冰箱,瓷碗]	[冰箱,腳踏車]	[洗衣機,瓷碗]	[洗衣機,腳踏車]	[冷氣,瓷碗]	[冷氣,腳踏車]

C7=TEXTJOIN(";",,C6:H6)，將 C6:H6 串接，這是新函數。取得：

[冰箱,瓷碗];[冰箱,腳踏車];[洗衣機,瓷碗];[洗衣機,腳踏車];[冷氣,瓷碗];[冷氣,腳踏車]

另外，也可以用 TEXTJOIN 直接串接組合。點選 C7。

```
TEXTJOIN(";",,"["&C3:E3&","&TRANSPOSE(G3:H3)&"]")
```

中間串接公式結果是：

[冰箱,瓷碗]	[洗衣機,瓷碗]	[冷氣,瓷碗]
[冰箱,腳踏車]	[洗衣機,腳踏車]	[冷氣,腳踏車]

六種組合顯示在 6 個儲存格，最後用 TEXTJOIN 串接這 6 個。

當然，沒有 TEXTJOIN 或 CONCAT 的話，是無法完成的，所以要借助輔助列來達成目標。

點選 C9。

```
B9&"["&INDEX($C$3:$E$3,INT((COLUMN(A1)-1)/2)+1)&","&INDEX($G$3:$H$3,
MOD(COLUMN(A1)-1,2)+1)&"]"&";"
```

這公式跟 C6 類似，多了前面 B9 與後面分號的串接。B9 是左邊一格串接的意思，往右拖曳複製時，就一直串接左邊一格，到最後形成完整串接的字串。所以必須要把最左邊的字串顯示出來，並移除最後一個分號。

點選 C10。

```
LEFT(❸
    LOOKUP("龜",C9:H9),❶
    LEN(LOOKUP("龜",C9:H9))-1 ❷
)
```

1. LOOKUP 公式是找最後一格，請參考 2.10 節。

2. 要去掉最後一個分號，所以 LEN 判斷字元數再減 1。

3. 用 LEFT 取出字串。

07

顯示超過上下限範圍的單位

依照各階段的分數來判斷是否超過上下限，只顯示超過上限與低於下限的單位，各區域平均分數有超過上限，取最大；在上下限之間，不顯示；低於下限的分數取最小。首先用 OR 判斷區域分數超過上下限的部分，然後用 IF 來決定序數，LOOKUP 分別找出最小值與最大值，最後 CHOOSE 根據序數來決定顯示超過的單位。

開啟「7.7 顯示超過上下限範圍的單位 .xlsx」。

	A	B	C	D	E	F	G	H	I	J	K	L
2	項目：		區域	X_1	X_2	X_3	Y_1	Y_2	Y_3	Z_1	Z_2	Z_3
3			北區	156	196	176	148	159	172	108	149	166
4			中區	98	87	65	79	80	65	49	55	56
5			南區	68	74	57	43	32	38	44	59	35
6												
7	問題：		區域	上限	下限	<-判斷各區在各階段的上下限						
8			北區	170	140							
9			中區	90	50							
10			南區	70	40							
12	解答：		區域	X	Y	Z	判斷					
13			北區	176.0	159.7	141.0	X					
14			中區	83.3	74.7	53.3						
15			南區	66.3	37.7	46.0	Y					

C2:L5 是區域各階段的分數，C7:E10 是區域的上下限，以各區域階段平均值，如 X_1、X_2 與 X_3 的平均，判斷在各區域的上下限，並顯示單位 D12:F12 於 G13:G15。

首先，點選 D13，各級別平均。

```
AVERAGE (❸
    IF (❷
        LEFT ($D$2:$L$2)=D$12, ❶
        $D3:$L3
    )
)
```

1. 找出 D2:L2 的第一個字元，然後跟 D12=X 進行比對，取得：

{**TRUE, TRUE, TRUE**, FALSE, FALSE, FALSE, FALSE, FALSE, FALSE}

2. IF 的第 1 引數 logical_test=TRUE，就來到 value_if_true=D3:L3，得到：

{**156,196,176**, FALSE, FALSE, FALSE, FALSE, FALSE, FALSE}

3. AVERAGE(156,196,176)=176，忽略 FALSE。

接下來，判斷並顯示符合超過上下限的單位，以大於上限值（最大值）為優先顯示，然後判斷小於下限值（最小值），如果都沒有的話，顯示空白。

首先，點選 G13。

```
CHOOSE (❼
    IF (❶
        OR (D13:F13>D8), ❷
        1,
        IF (❸
            OR (D13:F13<E8),
            2,
            3
        )
    ),
    LOOKUP (
        1, ❺
        0/❹
        (MAX (D13:F13)=D13:F13),
        D$12:F$12
    ),
    LOOKUP(1,0/(MIN(D13:F13)=D13:F13),D$12:F$12), ❻
    ""
)
```

語法如下：

```
CHOOSE(index_num,value1,value2,value3)
```

index_num 是第 1、2、3 步驟。

value1 是第 4、5 步驟，平均值大於上限。

value2 是第 6 步驟，平均值小於下限。

value3 是 ""，平均值是在上下限之間。

1. CHOOSE 的 index_num=IF，IF 的 logical_text=OR，判斷北區的其中一個平均是否有大於上限值，value_if_true=1，是的話，就是 1，value_if_false=IF，不是的話，就用另外一個 IF 來判斷平均是否低於下限值。

2. 判斷北區平均是否大於上限值，得到：

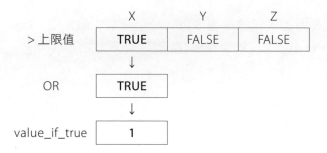

3. 如果 logical_test 是 0 的話，來到 value_if_false，這個是判斷是否小於下限值，有返回 2，沒有是 3。

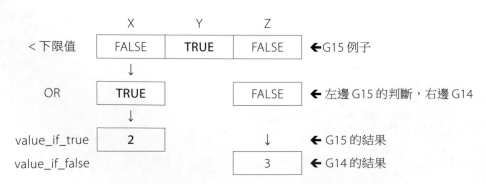

4. 標定最大值的位置，得到：

	X	Y	Z
最大值	TRUE	FALSE	FALSE
	↓		
0/	0	#DIV/0!	#DIV/0!

5. 用 LOOKUP 的 lookup_value=1 去搜尋，找到第 1 個，反應到 result_vector=D12:F12 的第 1 個，答案是 X。

6. 是找最小值，類似第 5 步驟。

7. CHOOSE 是根據 index_num=IF 取得數字，來決定執行第幾個 value。

本章説明多範圍的參照、查閱與匯總，透過第 1 與第 2 章常用函數即可完成任務，雖然比較難一點點，但熟悉前面幾章的操作之後，不是什麼難事。下一章開始，我們進入跨表與跨檔的參照與彙總，也會產生多維表格運作，難度會漸漸加深。

跨表參照

這章我們將簡單說明如何同檔跨表查閱、參照與計算,簡單的參照可用表名加上驚嘆號(!)與位址即可,需要位址變數通常使用常見的OFFSET、INDEX 或 INDIRECT 三種方式來標定範圍。

本章重點

01 依據年月找出產品銷售量

這節將說明依照年月份與名稱找出 2020 與 2021 的銷售量。用 MATCH 找出它表的產品名稱與銷售月份，然後應用 INDIRECT 顯示正確資料。

開啟「8.1 依據年月找出產品銷售量 .xlsx」。

	A	B	C	D	E
2		項目：	表2020、2021		
3					
4		問題：	依據年月找出產品銷售量		
5		解答：		2020	2021
6				1月	2月
7			產品	銷售量	銷售量
8			冰箱	300	360
9			洗衣機	200	440
10			電視機	250	320

共 2 個資料表，其中一個是 2020 年的資料。

產品	1月 銷售量	2月 銷售量	3月 銷售量
冰箱	300	410	390
洗衣機	200	354	340
電視機	250	255	450

另一個是 2021 年的資料。

產品	1 月 銷售量	2 月 銷售量	3 月 銷售量
冰箱	350	360	490
洗衣機	290	440	380
電視機	450	320	399

要對照這 2 個表,將其整理成 C5:E10 的表格。

首先,點選 D8。

```
INDIRECT(❹
    D$5&"!r"&
    MATCH(❷
        $C8,
        INDIRECT(D$5&"!a:a"),❶
        0
    )&"c"&
    MATCH(❸
        D$6,
        INDIRECT(D$5&"!1:1"),
        0
    ),
)
```

1. 直接用工作表名稱也可以參照該工作表的資料,如果用轉換的方式,就應當用函數來處理,最常用的是 INDIRECT 函數。例如:SUM('2020'!B:B) 就可以將 2020 工作表的 B 欄加總。但現在需要將儲存格 (如 D5) 的資料當成變數來指定路徑、工作簿、工作表、欄位或儲存格時,就需要用到此函數。我們選擇這個 INDIRECT 後再按 F9,就會得到 INDIRECT("2020!a:a") 指定 "2020!a:a",2020 工作表的 A 欄。

2. MATCH 的 lookup_value=C8 是冰箱,也就是搜尋 2020!a:a 的冰箱這個字串,而且完全符合才是 TRUE。答案是 3,連接 c 之後,成為 3c。

3. 這個公式原理和上面一樣,這是查閱 D6=1 月,橫列搜尋,答案是 2,跟上面答案串接之後,得到 "3c2"。

4. D5=2020，串接之後是 2020!r，然後將 1-3 步驟的字串串接，得到 2020!r3c2，第 2 引數 [a1] 省略 0 表示 R1C1 樣式。因此解讀為 2020 工作表的 B3，答案是 300。

雖然 INDIRECT 很好用，但它屬於 Volatile Functions，因此又稱為易失函數、易變函數、揮發函數…等。當你打開 Excel 檔，什麼都沒有動，再關閉，如果顯示要你存檔的訊息，就表示裡面有 Volatile Functions。INDIRECT 就是屬於這個類別，還有 NOW、TODAY、OFFSET…等，它們無時無刻都在計算，所以你一開啟檔案就會計算，馬上關閉檔案也會變動，所以你一開啟檔案就會計算，即使馬上關閉檔案也會顯示存檔訊息視窗。

這些函數好處很多，但因為常常計算，所以會拖慢電腦運作，我們會在第 13 章繼續談論這個議題。

02 計算表 1 中的 Amy 個數

上節是參照它表，這次是參照它表之後，計算資料。一樣用 INDIRECT 指定表 1 的 C 欄要等於 Amy，然後轉換，再用 COUNT 統計個數。

開啟「8.2 計算表 1 中的 Amy 個數 .xlsx」。

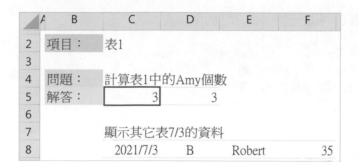

	A	B	C	D	E	F
2		項目：	表1			
3						
4		問題：	計算表1中的Amy個數			
5		解答：	3	3		
6						
7			顯示其它表7/3的資料			
8			2021/7/3	B	Robert	35

資料在表 1。

首先，點選 C5。

```
COUNT (❸
    1/❷
    (
        INDIRECT(❶
            "表1!r1c3:r7c3",
        )
    ="Amy"
    )
)
```

1. 這次的 INDIRECT 是指定範圍，直接用工作表名稱，表 1!r1c3:r7c3= 表 1! C1:C7(服務窗口)。第二引數 [a1] 的 0 省略，是 R1C1 樣式。所以會取得：

`{FALSE;`**`TRUE`**`;FALSE;FALSE;`**`TRUE`**`;FALSE;`**`TRUE`**`}`

2. 一共有三個，但 COUNT 無法計算 T/F，如果用 N 轉數字，COUNT 會計算全部，所以用 1 去除，FALSE 當成 0，TRUE 是 1，得到：

```
{#DIV/0!;1;#DIV/0!;#DIV/0!;1;#DIV/0!;1}
```

3. COUNT 忽略錯誤值，所以答案是 3。

   D5 =COUNT(1/(表 1!C1:C7="Amy"))，也是可行的。

當然你如果不知道 Amy 在哪一欄位，也可以用：

```
COUNT(FIND("Amy",表1!A1:D7))
```

接下來，點選 C8 來顯示表 1 的 7/3 的全部資料。

```
VLOOKUP(❹
    DATEVALUE("2021/7/3"),❶
    INDIRECT("表1!A1:D7"),❷
    COLUMN(A:D)❸
)
```

1. DATEVALUE 是將日期轉為數字，如果 lookup_value="2021/7/3" 就是文字型，所以 2021/7/3 就成為計算題，得到 96.238。

2. 用 INDIRECT 轉到表 1!A1:D7，但它就是實際工作表名與欄位，並不需要轉換，所以用表 1!A1:D7 即可，INDIRECT 是多餘的。

3. COLUMN(A:D) 顯示 A:D 的欄位資料。當然可以用 COLUMN(A1)，再向右拖曳複製。

4. VLOOKUP 顯示 7/3 的全部資料。

03

根據工作表順序
累積各表業績

有些業績是以工作表為一個單位，期望工作表照順序累積業績。使用 CELL 來辨識工作表名稱，然後用 RIGHT 來擷取名稱，INDIRECT 轉至上個工作表的欄位，加總本表業績。

開啟「8.3 根據工作表順序累積各表業績 .xlsx」。

	A	B	C	D	E
2	項目：		表1、表2與表3		
3					
4	問題：		根據工作表順序累積各表業績		
5	解答：		350		

表 1

	A	B	C
1	目前業績	150	
2	累積業績	150	
3			

表 2

	A	B	C
1	目前業績	100	
2	累積業績	250	
3			

表 3

	A	B	C
1	目前業績	100	
2	累積業績	350	
3			

表 2 的 B2 是 B1 加上表 1 的 B2=250，表 3 的 B2 是 B1 加上表 2 的 B2，依照工作表累積加總，而工作表 1 的 C5 = 表 3!B2。

首先，點選表 2 的 B2。

```
B1+❹
   INDIRECT(❸
      "'表"&
      RIGHT(❷
         CELL(❶
            "filename",
            A1
         )
      )-1&"'!b2"
   )
```

1. CELL 的語法是 CELL(info_type,[reference])，info_type 有非常多的型態，其中一個是 filename，它是反應從路徑到工作表名稱，而第 2 引數是 A1 返回該儲存格格式資訊，也可以省略，但名稱會跑掉。所以取得 "E:\...\[8.3 根據工作表順序累積各表業績 .xlsx] 表 2"。

2. RIGHT 取右邊第 1 個字是 2，2-1=1，串接 '!b2，所以是 1'!b2。

3. INDIRECT 的 ref_text 是 ' 表 1'!b2，INDIRECT("' 表 1'!b2")，表 1 的 B2 數 值 是 150。

4. 最後 B1=100+150=250。

04 顯示表 1 的門市年度銷售

資料庫的應用可以是前端操作人員使用，後端存儲資料所在。我們把交易資料放在隱藏的地方，而螢幕所見是使用者操作的地方。當然這節案例不是意義上的資料庫，它提供一種把表格當成資料庫來引用並加以計算的方式。MATCH 是常見的找出搜尋值在陣列的位置，而 OFFSET 根據數值來標定範圍。

開啟「8.4 顯示表 1 的門市年度銷售 .xlsx」。

	A B	C	D	E
2	項目：	表1		
3		門市	年度	
4		抬鏈店	2016年	
5				
6	問題：	顯示表1的門市年度銷售		
7	解答：	43		
9	全年業績	139		
11	各店累積	54		
12		97		
13		139		
15	年度累積	50	93	139

這是表 1 的資料。

門市	2015 年	2016 年	2017 年
抬氣店	41	54	59
抬鏈店	50	**43**	46
抬打店	56	42	36

首先，點選 C7。

```
OFFSET(❸
    表1!A1,
  MATCH(C4,表1!A2:A4,0),❶
    MATCH(D4,表1!B1:D1,0)❷
)
```

1. MATCH 是搜尋 C4 門市在表 1 的位置，答案是 2。

2. 這個 MATCH 是搜尋 D4 年度在表 1 的位置，答案也是 2。

3. OFFSET(表 1!A1,2,2)=43。

接下來看全年業績，點選 C9。

```
SUM(❸
    OFFSET(❷
        表1!A1,
        1,
        MATCH(D4,表1!B1:D1,0),❶
        3
    )
)
```

1. MATCH 搜尋 D4=2016 年在表 1 的位置，答案是 2。

2. 用 OFFSET(表 1!A1,1,2,3)，得到 {54;43;42}，是 2016 年各商店業績。

3. SUM({54;43;42})=139。

再來看各店累積，點選 C11。

```
SUBTOTAL(❸
    9,
    OFFSET(❷
        表1!A1,
        1,
        MATCH(D4,表1!B1:D1,0),❶
        ROW(1:3)
    )
)
```

1. 用 MATCH 判斷哪個年度，D4 是 2016 年度。

2. OFFSET(表 1!A1,1,2,{1;2;3})，第 4 引數是 ROW(1:3)，在 1.8 節與 2.11 節曾説明 SUBTOTAL(OFFSET) 的累計加總，在 heigh 與 width 使用 ROW 或 COLUMN 可以累加。這個答案是 {54;54;54}，原理可參考 1.8 節。

3. SUBTOTAL 的 function_num=9 是 SUM 的功能，得到各店累積 {54;97;139}。

C15 是年度累積，其運算原理如上所述。

```
SUBTOTAL(9,OFFSET(表1!A1,MATCH(C4,表1!A2:A4,0),1,,COLUMN(A:C)))
```

05 計算 2 表最後一個數值

有些表格要計算最後一個數值,我們可以用 LOOKUP 來處理,但是如果有 2 個,也是可以用 LOOKUP,只是要一個表格一個表格的計算,多個表就比較不方便。所以,使用 INDIRECT 來標定多表、COUNTIF 來判斷最後一個數值,接下來再用 INDIRECT 標定最後一個數值,最後用 SUM 來加總。

開啟「8.5 計算 2 表最後一個數值 .xlsx」。

	A	B	C	D	E
2		項目:	表1與表2		
3					
4		問題:	計算2表最後一個數值		
5		解答:	46		
6			46		

表 1

數字
10
25
31
26

表 2

數字
35
55
20

表 1 跟表 2 是不同資料的表格。

首先,點選 C5。

```
LOOKUP(9^9,表1!A:A)+LOOKUP(9^9,表2!A:A)
```

2.3 節曾說明可以用 MATCH 找出最後一個數值，LOOKUP 也有這個功能，但需要一個一個的處理，lookup_value=9^9 是非常大的意思，通常數值是不會大於這個，所以找不到就返回最後一個值，答案是 26+20=46。

當然也可以用 INDEX(MATCH)，INDEX(表 1!A:A,MATCH(9^9, 表 1!A:A))+INDEX(表 2!A:A,MATCH(9^9, 表 2!A:A))。

但是，如果表格比較多的話，這個方法就沒有效率。

因此，我們可以用另一種方法，點選 C6。

```
SUM(❹
    INDIRECT(❸
        {"表1","表2"}&"!A"&
        COUNTIF(❷
            INDIRECT(❶
                {"表1","表2"}&"!A:A"
            ),
            "<>"
        )
    )
)
```

1. INDIRECT 就像文法上的代名詞一樣，用它 (們) 以儲存格的值代表表格的位址，也可以用實際的多個名稱或函數應用來代表某個範圍。這裡以 {" 表 1"," 表 2"}&"!A:A" 來標定 2 個表格 A 欄的範圍，所以是 {" 表 1!A:A"," 表 2!A:A"}。

2. COUNTIF 可 以 使 用 INDIRECT、OFFSET、INDEX 標 定 的 範 圍，而 第 2 引 數 criteria=<> 表示計算全部，所以取得 {5,4}，表示表 1 有 5 個值，表 2 有 4 個值。

3. 再次應用 INDIRECT，得到 {" 表 1!A5"," 表 2!A4"}={26,20}。

4. SUM({26,20})=46。

如果工作表名是照序數排列的話，INDIRECT用表 1、表 2、表 3⋯也是沒有效率，可以用 ROW 來創建序數。

```
COUNTIF(INDIRECT("表"&ROW(1:2)&"!A:A"),"<>")
```

如果有 10 個表格，只要將 ROW(1:2) 改成 ROW(1:10) 就可以代表 10 個工作表的 A 欄。

06　搜尋有 - 的最後一筆資料

上節說明最後一個的資料，這節將說明有條件的最後一個值。用 FIND 找出表 1 的搜尋值之後，再用 LOOKUP 顯示資料。

開啟「8.6 搜尋有 - 的最後一筆資料 .xlsx」。

	A	B	C	D	E
2		項目：	表1!A:B		
3					
4		問題：	搜尋有"-"的最後一筆資料		
5		解答：	資料	數值	
6			B-124	4	

表 1

資料	數值
A-123	1
B-124	2
OK	
OK	
OK	
A-123	3
B-124	4

首先，點選 C6。

```
LOOKUP(❷
    1,❶
    0/
    FIND("-",表1!A:A),
    表1!A:A
)
```

1. FIND 的 find_text=-(負號)，within_text 是表 1 的 A 欄，然後用 0 去除，所以
   得到：

Find		0/	
#VALUE!			#VALUE!
2			0
2			0
#VALUE!			#VALUE!
#VALUE!			#VALUE!
#VALUE!			#VALUE!
2			0
2			0

2. 接下來用 LOOKUP 的 lookup_value=1 去搜尋，數值找不到，反應最後一個 0，
   所以答案是表 1 的 A8=B-124。

這個答案是 -(負號)的第幾個位置呢？ LOOKUP(1,0/FIND("-", 表 1!A:A), 表 1!B:B)=4，
所以是第 4 個位置。

如果我們要找 -(負號)的第 1 個位置，就需要用：

```
VLOOKUP("*"&"-"&"*",表1!A:B,2,0)
```

第 1 引數 lookup_value 可以用萬用字元，而 VLOOKUP 的特性是相同者找第 1 個。

也可以判斷負號在陣列的位置(序號)，公式如下：

```
SMALL(❷
    IFERROR(❶
        IF(
            FIND("-",表1!A2:A8),
            ROW(1:7)
        ),
        FALSE
    ),
    3
)
```

1. 這是判斷將表 1 的 A 欄有負號的字串轉成序號，如果找不到則轉成 FALSE，所以取得：

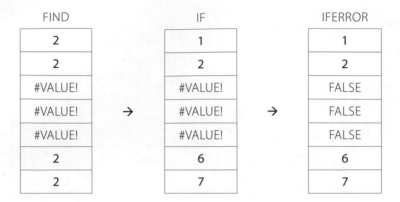

FIND		IF		IFERROR
2		1		1
2		2		2
#VALUE!		#VALUE!		FALSE
#VALUE!	→	#VALUE!	→	FALSE
#VALUE!		#VALUE!		FALSE
2		6		6
2		7		7

2. 將錯誤值轉成 FALSE 是因為 SMALL 會忽略它，所以在這個步驟用 SMALL 不會受到干擾。第 2 引數是 k=3，答案是有負號的第 3 個是 6。

陣列要找第幾個相同字元就用上面的方法，而在單儲存格的字串中，想要用這個方法就要用另外的公式。

假設題目是 A-12-34-56-7，找第 2 個負號是在第幾個位置。

```
SMALL(❸
   IF(❷
      MID(C10,ROW(1:12),1)="-",❶
   ROW(1:12)
   ),
   2
)
```

1. 首先用 MID 將字串分解成一個一個的字元，然後比對是否等於負號，結果是：

MID	等於 "-"	ROW	IF
A	FALSE	1	FALSE
-	**TRUE**	**2**	**2**
1	FALSE	3	FALSE
2	FALSE	4	FALSE
-	**TRUE**	**5**	**5**
3	FALSE	6	FALSE
4	FALSE	7	FALSE
-	**TRUE**	**8**	**8**
5	FALSE	9	FALSE
6	FALSE	10	FALSE
-	**TRUE**	**11**	**11**
7	FALSE	12	FALSE

2. 接下來用 IF 將 TRUE 轉為序號，所以可得到負號在第 2、5、8、11 的位置。

3. 接下來用 SMALL 判斷 k=2，也就是第 2 小的數值是在第 5 個位置。

本章我們說明簡單的跨表參照、查閱與計算，可以實際引用它表的欄位，也可以透過 3 個常用的參照函數 INDIRECT、OFFSET 與 INDEX。這三個是很有效益的函數，但是用太多可能造成計算的延宕，需要注意它們計算的特性。

下一章將說明跨表條件式參照。

跨表條件式參照

我們進入跨表及條件式參照,以往是同表條件式參照,引用資料計算。我們使用 OFFSET 的某些功能也是多維運作,配合 SUMIF、SUBTOTAL…等彙總函數計算多維範圍,而這章的跨表參照也會進入多維運算狀態,我們要注意的是 ROW 與 COLUMN 等函數的適當應用,才能正確引用資料。

01 計算各表各月大於80的個數

有3個工作表，表格裡有3個月份的資料，想要計算各表各月大於80的個數。我們漸漸進入比較多樣化的範圍，它們的計算原理跟同表類似，只是要了解工作表名。使用 INDIRECT 來取得各工作表的欄位名稱，再用 COUNTIF 計算個數。

開啟「9.1 計算各表各月大於80的個數.xlsx」。

	A	B	C	D	E	F
2	項目：		表1、表2與表3			
3						
4	問題：		計算表1、表2與表3各月>80個數			
5	解答：		工作表	1月	2月	3月
6			表1	3	1	3
7			表2	4	3	3
8			表3	2	1	2
9						
10			表1	416	385	412
11			表2	434	401	408
12			表3	452	428	475
13			合計	1302	1214	1295

資料在表 1-3。

首先，點選 D6。

```
COUNTIFS(❷
    INDIRECT(❶
        "表"&ROW(1:3)&"!B:B"
    ),
    ">80"
)
```

1. INDIRECT 裡面的 ROW(1:3) 代表 1-3 個表,但是要注意的是表名有一部分是序號,表名如果沒有序數,就難以用 ROW 或 COLUMN 來處理,需要用常數陣列一個一個標上去,或用定義名稱的方式,這樣會比較麻煩。可以取得 {" 表 1!B:B";" 表 2!B:B";" 表 3!B:B"},每一個表的 B 欄。

2. COUNITFS 或 COUNTIF 皆可,criteria 是大於 80,所以答案是 {3;4;2},表示表 1 的 1 月有 3 個大於 80,表 2 有 4 個,表 3 有 2 個。

用 INDIRECT 取得多表資料,會產生錯誤值,如:

INDIRECT	N(B1:B6)	T	N(B2:B6)
#VALUE!	0	1 月	86
#VALUE!	0	1 月	85
#VALUE!	0	1 月	78

所以需要用 N 來轉換資料,有一派專家認為這是「降維」,將三維降到二維。但 B1 是文字,因此要用 T 函數,如果範圍是 B2:B6 就可以用 N 來取得各月 B2 的數值。

接下來,我們來看合計,點選 D10。

```
SUMIF(INDIRECT("表"&ROW(1:3)&"!B:B"),"<>")
```

這個與 COUNTIF 類似,只是修改成 SUMIF,criteria 是 <>,代表全部,當然也可以用大於 80,所以取得 {416;434;452},也就是各別合計表 1 到表 3 的 A 欄數值。

D13 合計部分,可以再用 SUM 加一遍,或用:

```
SUM(表1:表3!B:B)
```

SUM 可以直接加各表的數值。當然 COUNT 也可以使用這種方式:

```
COUNT(表1:表3!B:B)
```

直接計算各表的 B 欄的個數。

INDIRECT 裡面直接用 B:B，因為在雙引號裡面，就無法拖曳複製，所以可以用 R1C1 樣式。

```
SUMIF(INDIRECT("表"&ROW(1:3)&"!c"&COLUMN(B2),0),"<>")
```

INDIRECT 的 ref_text 運作之後，取得 {" 表 1!c2";" 表 2!c2";" 表 3!c2"}，COLUMN(B2)=2，往右拖曳複製，COLUMN(C2)=3，以此類推。這 c2 在 R1C1 樣式是 B 欄，所以 SUMIF 會計算各表的 B 欄。

02 跨表數值累積計算

承襲上節的案例，這次是如何累積計算跨表的資料。跨表形成多維資料表，又牽涉累積，所以我們必須了解它的資料結構，才能精確計算這些資料。使用 INDIRECT 得到各表的範圍，用 OFFSET 來標定範圍，然後 SUBTOTAL 進行累積計算。

開啟「9.2 跨表數值累積計算 .xlsx」。

	A	B	C	D	E	F
2		項目：	表1、表2與表3			
3						
4		問題：	跨表數值累積計算			
5		解答：	姓名	表1_1月	表2_1月	表3_1月
6			Amy	86	85	78
7			Peter	164	179	147
8			Sherry	255	247	204
9			Sandy	340	340	287
10			John	416	434	362
11			Robert	416	434	452

資料一樣在表 1-3。

首先，點選 D6。

```
SUBTOTAL(❸
    9,
    OFFSET(❷
        INDIRECT("表"&COLUMN(A:C)&"!a1"),❶
        1,
        1,
        ROW(1:6)
    )
)
```

1. INDIRECT 裡面是 {" 表 1!a1"," 表 2!a1"," 表 3!a1"}，從每個表的 a1 開始。

2. OFFSET({" 姓名 "," 姓名 "," 姓名 "},1,1,ROW(1:6))，各表的 a1 是姓名，rows=1，cols=1，也就是從 A1 往右 1 格，往下 1 格，height=ROW(1:6)，所以取得：

86	85	78
86	85	78
86	85	78
86	85	78
86	85	78
86	85	78

我們在 1.8 節曾提過這個架構。86、85、78 是 Amy 表 1 的 1 月到表 3 的 1 月。

3. SUBTOTAL 的 function_num=9 是加總，計算多維數值累積。

這個公式牽涉到 COLUMN 與 ROW，還有 OFFSET 的 height 與 width 形成不同維度的面向來決定 SUBTOTAL 的計算項目。

INDIRECT 是使用 COLUMN，如果用 ROW 會有不同的多維計算面向。

INDIRECT 工作表是 COLUMN，OFFSET 的 height=ROW，表格（姓名）右下取 6 格範圍。

姓名	表1_1月	表2_1月	表3_1月
Amy	86	85	78
Peter	78	94	69
Sherry	91	68	57
Sandy	85	93	83
John	76	94	75
Robert			90

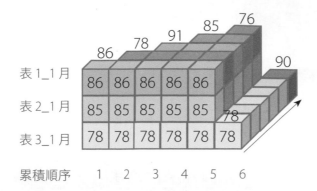

| 累積順序 | 1 | 2 | 3 | 4 | 5 | 6 |

接下來進行面向的改變，來看看它們的結果。點選 D14。

```
SUBTOTAL(9,OFFSET(INDIRECT("表"&COLUMN(A:C)&"!a1"),1,1,,ROW(1:3)))
```

INDIRECT 工作表是 COLUMN，OFFSET 的 width=ROW，表格 (月份) 向右取 3 格範圍，以直欄 (ROW) 顯示。

Amy 月份	表 1	表 2	表 3
1 月	86	85	78
2 月	73	88	66
3 月	86	80	80

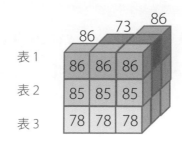

| 累積順序 | 1 | 2 | 3 |

月份	表 1	表 2	表 3
1 月	86	85	78
2 月	159	173	144
3 月	245	253	224

上面是顯示 Amy 的累積資料，如果想要 Peter 的，將 OFFSET 的 rows=2 即是 Peter 的累積加總。

如果想要將表格轉置，就必須要改變，將 INDIRECT 的工作表改成 ROW，並將 OFFSET 的 width 改成 COLUMN。點選 D19。

```
SUBTOTAL(9,OFFSET(INDIRECT("表"&ROW(1:3)&"!a1"),1,1,,COLUMN(A:C)))
```

Amy 表	1 月	2 月	3 月
表 1	86	159	245
表 2	85	173	253
表 3	78	144	224

同理也可以將姓名與工作表轉置。點選 D24。

```
SUBTOTAL(9,OFFSET(INDIRECT("表"&ROW(1:3)&"!a1"),1,1,COLUMN(A:F)))
```

表格月份	Amy	Peter	Sherry	Sandy	John	Robert
表 1_1 月	86	164	255	340	416	416
表 2_1 月	85	179	247	340	434	434
表 3_1 月	78	147	204	287	362	452

在此試著讓 OFFSET 的 height 與 width 同時存在，看看結果會怎樣。點選 D29。

```
SUBTOTAL(9,OFFSET(INDIRECT("表"&ROW(1:3)&"!a1"),1,1,COLUMN(A:F),ROW
(1:3)))
```

累積	Amy	Peter	Sherry	Sandy	John	Robert
表 1_1 月	86	164	255	340	416	416
表 2_2 月	173	347	498	656	835	835
表 3_3 月	224	459	667	896	1109	1355

顯然這個結果是跳表跳格合計，如 Amy 的 173 是表格 2 的 1 月與 2 月的合計，85+88，224 是表格 3 的 1-3 月合計 78+66+80。Peter 的 347 是 Amy 的 173+94+80，以此類推。

從這個結果可知，大部分並不需要此方法。如果想要個人 1 月份的累積，要用 MMULT 函數處理即可，跨表多次計算會在下一章進一步說明。點選 D34。

```
MMULT({1,1,1},SUBTOTAL(9,OFFSET(INDIRECT("表"&ROW(1:3)&"!a1")),1,1,
COLUMN(A:F))))
```

累積	Amy	Peter	Sherry	Sandy	John	Robert
各表 1 月	249	490	706	967	1212	1302

Excel 只能到這種程度，如果要計算各表各月個人的累積計算，會有問題。所以要另外再寫一次公式。例如：上表增加各表 2 月時，只要將 OFFSET 的 cols=1 改成 2 即可。

03 判斷員工勞健保投保狀況

勞健保有其投保限制與級距，原則上是薪資多少就投保多少，超過最高也是以勞健保最高一級計算。用 IF 來判斷是否是最高一級，FREQUENCY 計算薪資的投保層級，MATCH 搜尋正確層級的序數，INDEX 顯示資料。

開啟「9.3 判斷員工勞健保投保狀況 .xlsx」。

	A	B	C	D	E	F	G
2		項目：	資料表的勞保、健保與勞退的投保級距				
3							
4		問題：	判斷員工勞健保投保狀況				
5					解答		
6					投保級距		
7			員工	薪資	勞保	健保	勞退
8			Amy	160,000	45,800	162,800	150,000
9			Peter	43,000	43,900	43,900	43,900
10			John	75,000	45,800	76,500	76,500
11			May	36,000	36,300	36,300	36,300
12			Joan	26,800	27,600	27,600	27,600
13			Tim	44,560	45,800	45,800	45,800

資料表是勞保、健保與勞退的投保級距。

首先，點選 E9。

```
IF(❹
    D9>=43900,
    資料!$A$17,
    INDEX(❸
        資料!A$3:A$17,
        MATCH(❷
            1,
            FREQUENCY($D9,資料!A$3:A$17),❶
```

```
    )
  )
)
```

1. 曾經提過 FREQUENCY 可以在模糊比對之後顯示下一格的資料，其他函數是上一格資料。data_array=D9 是 43,000，小於 43,900，bins_array= 資料 !A3:A17 勞保欄，所以得到 {0;0;0;0;0;0;0;0;0;0;0;0;0;1;0;0}，找到倒數第三個位置。

2. MATCH 要將 FREQUENCY 取得的值換成序數，也就是在陣列的位置值。Lookup_value=1，match_type=0 省略，完全符合。得到 14。

3. 資料 !A3:A17 是勞保投保級距，INDEX 的 row_num=14，所以找到第 14 個位置，答案是 43,900 元。

4. IF 判斷最高投保級距，超過部分就以最高一級計算，D8=160,000 超過 43,900，就以資料 !A17=45,800 計算。勞保政策每年都會變動，所以可能 15 級距也會變成 16 或更多。前面曾提過找最後一個可以用 LOOKUP 或 MATCH，LOOKUP(9^9, 資料 !A:A) 可以顯示 45,800。

根據勞保局發佈的民國 110 年勞工投保薪資分級表，月投保薪資從 24,000~45,800 共有 15 級。第 1 級 24,000 元以下，投保 24,000 元，第 2 級 24,001 元至 25,200 元，投保 25,200 元，以此類推到第 15 級 43,901 元以上，投保 45,800 元。如果薪資是 24,500 元是投保 25,200 元，是下一格，而不是上一格的 24,000 元，所以要用 FREQUENCY 來判斷下一格級距。

至於健保與勞退的判斷都是一樣的，只是它們的級距不同，可以手動填入最後一個級距或用 LOOKUP 來判斷。

也可以用另一種方法，點選 E16。

```
--TEXT(❸
  MIN(❷
     IF($D9<資料!A$3:A$17,資料!A$3:A$17)❶
  ),
   "[=]45800"
  )
```

1. 使用 IF 的 logical_test 來判斷 D9 薪資小於勞保級距是否為 TRUE，是的話，顯示 A3:A17 的 TRUE 的數值，取得：

```
{FALSE;FALSE;FALSE;FALSE;FALSE;FALSE;FALSE;FALSE;FALSE;FALSE;FALSE;
FALSE;FALSE;43900;45800}
```

2. 用 MIN 得到最小的數值，答案是 43900，這個方法跟 FREQUENCY 類似，取得目標值的下一格級距。

3. 最後用 TEXT 的 format_text 判斷 =0 是 45800，最高級距，因為超過最高級距找不到下一個，會判為 0。0 可以省略，而中括號 [] 裡可以應用邏輯判斷。

04 計算產品各年度各區間的銷售量

使用樞紐分析表功能也可以製作銷售統計表，但樞紐分析表重新操作後，參照就會有問題。如果這是最後結果，可以使用樞紐分析功能；如果還要再次加工，使用函數會比較恰當。首先將資料工作表當成資料庫，用函數 IF 進行條件式資料轉換，然後用 FREQUENCY 統計區間個數、TRANSPOSE 將資料轉置。

開啟「9.4 計算產品各年度各區間的銷售量 .xlsx」。

	A	B	C	D	E	F	G
2		項目：	如資料表A:D				
3							
4		問題：	計算產品各年度各區間的銷售量				
5		解答：	訂單日期	產品類別	<=5	6~10	11以上
6			2017	傢俱	231	147	31
7			2017	電器	182	103	18
8			2017	辦公用品	592	381	79
9			2018	傢俱	293	168	45
10			2018	電器	214	129	17
11			2018	辦公用品	788	443	80

擷取資料表的部分資料。

訂單日期	縣市	產品類別	數量
2017/1/1	彰化縣	傢俱	5
2017/1/1	彰化縣	電器	5
2017/1/1	彰化縣	電器	5
2017/1/1	彰化縣	辦公用品	8
2018/5/1	台北市	電器	5

首先，點選 E6。

```
TRANSPOSE(❸
    FREQUENCY(❷
        IF(❶
            (YEAR(資料!A$2:A$3942)=$C6)*
                (資料!C$2:C$3942=$D6),
            資料!D$2:D$3942
        ),
        {5;10}
    )
)
```

1. IF 將 logical_test 判斷為 TRUE 即轉到 value_if_true，而 logical_test 有 2 個判斷，一個是年度符合；另一個是產品類別符合。擷取前幾個結果，得到：

年度符合		產品符合		結果
TRUE		TRUE		5
TRUE		FALSE		FALSE
TRUE		FALSE		FALSE
TRUE		FALSE		FALSE
FALSE	×	FALSE	=	FALSE
FALSE		FALSE		FALSE
TRUE		TRUE		9
TRUE		FALSE		FALSE
TRUE		FALSE		FALSE
TRUE		TRUE		4

2. FREQUENCY 的 data_array 是上面結果欄，而 bins_array 是 {5;10}，這個常數陣列是表示 5 以下、6~10 以及 11 以上等區間，將這些歸類之後，得到 {231;147;31}。

區間	個數
5 以下	231
6~10	147
11 以上	31

3. 然後利用 TRANSPOSE 將陣列轉置。全部總計是 3941 筆資料，符合資料工作表的筆數。

05 各表姓名彙總成一表

將各表有數值的姓名統合以符號標示，這不是很困難的一件工作，我們可以用 INDIRECT 標定範圍，然後用 VLOOKUP 查詢資料、用 IF 來註明記號。

開啟「9.5 各表姓名彙總成一表 .xlsx」。

	B	C	D	E	F
2	項目：	表1、表2與表3			
3					
4	問題：	各表姓名彙總成一表			
5	解答：	姓名	表1	表2	表3
6		Sherry	●	●	
7		Robert	●		●
8		Amy		●	●
9		May	●		●
10		Sam	●	●	
11		John	●	●	●

各表資料如下。

表 1

姓名	數量
Sam	1
Robert	8
John	7
May	4
Sherry	5

表 2

姓名	數量
John	5
Sherry	3
Amy	7
Sam	6

表 3

姓名	數量
Amy	5
Robert	8
John	2
May	1

首先，點選 D6。

```
IFERROR(❹
    IF(❸
        VLOOKUP(❷
            $C6,
            INDIRECT(D$5&"!a:b"),❶
            2,
            0
        ),
    "●"),
    ""
)
```

1. 用 INDIRECT 建立一個 D5= 表 1 的範圍，然後往右拖曳複製，變表 2、表 3。

2. VLOOKUP 的 lookup_value=C6 是 Sherry，比對表 1 的 A 欄，col_index_num=2 表示找到之後，顯示範圍的第 2 欄，range_lookup=0 是完全符合 lookup_value，答案是 1，也就是找到第 1 個資料。

3. IF 的 logical_test=TRUE 或非 0 數值，就執行 value_if_true。

4. IFERROR 表示如果是錯誤值，就顯示空白。

當然如果你想要顯示數值，而非記號，就可以用 D13。

IFERROR(VLOOKUP($C6,INDIRECT(D$5&"!a:b"),2,0),"")，將 IF 去掉即可。

我們也可以用其他公式來彙總數值，這個比較麻煩，可以了解多維參照方法。點選 D20。

```
MMULT(
    COLUMN(A:E)^0,
    SUMIF(
        OFFSET(INDIRECT("表"&COLUMN(A:C)&"!a1"),ROW($1:$5),),
        C6,
        OFFSET(INDIRECT("表"&COLUMN(A:C)&"!a1"),ROW($1:$5),1)
    )
)
```

我們從 2 個 OFFSET 標定範圍開始，一個是標定各表姓名範圍；另一個是標定數值範圍，所以取得：

Sam	John	Amy
Robert	**Sherry**	Robert
John	Amy	John
May	Sam	May
Sherry		

T(OFFSET)

1	5	5
8	**3**	8
7	7	2
4	6	1
5	0	0

N(OFFSET)

→

文字要在 OFFSET 之前加上 T，數值則是 N，不然會顯示錯誤值。

SUMIF 的 criteria=C6 是 Sherry，range=Sherry 就會相對反應到 sum_range。最後用 MMULT 計算，相乘後相加，得到：

array1

1
1
1
1
1

←→

array2

0	0	0
0	3	0
0	0	0
0	0	0
5	0	0

→

結果

5	3	0

array1 本來是橫列，為了方便理解所以用直欄顯示。

OFFSET 的多維標定範圍有很多面向。點選 D27。

```
T(OFFSET(INDIRECT("表"&COLUMN(A:C)&"!a1"),ROW(1:5),))
```

INDIRECT(COLUMN()) 配合 rows= ROW(1:5)，取得：

表 1A 欄	表 2A 欄	表 3A 欄
Sam	John	Amy
Robert	Sherry	Robert
John	Amy	John
May	Sam	May
Sherry		

還有另外一種方法，點選 D33。

```
T(OFFSET(INDIRECT("表"&ROW(1:3)&"!a1"),COLUMN(A:E),))
```

INDIRECT(ROW) 配合 rows=COLUMN(A:F)，取得：

表 1A 欄	Sam	Robert	John	May	Sherry
表 2A 欄	John	Sherry	Amy	Sam	
表 3A 欄	Amy	Robert	John	May	

2 張表的顯示方式是不一樣的。

如果將數值移到 height 或 width 會產生不同的結果。點選 D37。

```
T(OFFSET(INDIRECT("表"&COLUMN(A:C)&"!a1"),1,,COLUMN(A:C)))
```

height=COLUMN(A:C) 時，取得：

	表 1	表 2	表 3
A2	Sam	John	Amy

如果是直欄顯示，點選 D39。

```
T(OFFSET(INDIRECT("表"&ROW(1:3)&"!a1"),1,,ROW(1:3)))
```

	A2
表 1	Sam
表 2	John
表 3	Amy

OFFSET 是好用的標定範圍函數，有些人用了幾年的 Excel 也不知道 OFFSET 的功用。透過不同的引數設定就會產生不同的多維度資料，我們可以利用這種特性來擷取適當資料並計算。

06 列出資料表指定條件所有名單

LOOKUP 系列的函數都是返回單值，對顯示多值有需求的人會造成困擾，所以很多人詢問如何完成。當然用篩選功能或樞紐分析表也可以多值顯示，但是如果要再進一步引用多值就需要用函數。在 2.6、4.4 與 6.1 節曾經提過用 INDEX 來顯示多值，其實 OFFSET 也可以。如果是新版，FILTER 會更方便。本節將會說明多條件的 + 與 * 的應用，來顯示特定條件的多值。

開啟「9.6 列出資料表指定條件所有名單 .xlsx」。

	A	B	C	D	E	F	G
2	項目：		表1				
3			月份	區域			
4			7	東區			
5							
6	問題：		列出表1指定客戶所有名單				
7	解答：		訂單日期	區域	售價	數量	銷售額
8			2020/7/7	東區	1000	10	10000
9			2020/7/23	東區	55	6	330
10			2020/7/23	東區	200	5	1000
11			2020/7/31	東區	55	5	275
12			2020/7/31	東區	10	5	50

資料在表 1。

首先，點選 C8。

```
OFFSET(❸
    表1!A$1,
    SMALL(❷
        IF(❶
            (MONTH(表1!A$2:A$1077)=C$4)*
                (表1!B$2:B$1077=D$4),
```

```
        ROW($2:$1077)
    ),
    ROW(A1)
  )-1,,,
  5
)
```

1. IF 的 logical_test 有 2 個陣列判斷，一個是月份，所以用 MONTH 取出表 1 的 A 欄月份，然後比對 C4 月份；另一個是表 1 的 B 欄區域比對 D4 區域，相乘之後，TRUE 就到 value_if_true= ROW($2:$1077)。

2. SMALL 的 k=ROW(A1) 是 1，所以先取出最小值，往下拖曳複製就是第 2 小的值，以此類推，減 1 是扣掉表頭部分。

3. 最後 OFFSET 從表 1 的 A1 開始，rows= {471}，找到第 471 筆資料，width=5，顯示橫向 5 筆，也就是顯示第 471 筆所有資料。

當然如果是新版也可以用 FILTER，會比較簡單。

```
FILTER(表1!A2:E1077,(MONTH(表1!A$2:A$1077)=C$4)*(表1!B$2:B$1077=D$4))
```

array= 表 1!A2:E1077，是查詢的陣列。

include 跟上面 IF 的 logical_test 一樣，判斷陣列中的資料比對是否為 TRUE。

為什麼 logical_test 不用 AND 或 OR 的邏輯判斷式呢？因為 AND 跟 OR 只返回一個值，而不是陣列，所以不適用。

曾經提過 * 是 AND 的意思，而 + 是 OR 的意思，如果我們想要 1 月份的東區跟中區的資料，就需要用 +（加號），這是將陣列加總。

```
(MONTH(表1!A$2:A$1077)=C$4)*(表1!B$2:B$1077=D$4)*(表1!B$2:B$1077=E$4)
```

多加了 E4 是中區，在表 1 的 B 欄區域裡，不會同格存在中區與東區，所以陣列相乘之後，都是 0。

因此要改變它的判斷式。

```
(MONTH(表1!A$2:A$1077)=C$4)*((表1!B$2:B$1077=D$4)+(表1!B$2:B$1077=E$4))
```

將表 1 的 B 欄有中區或東區的字串透過 +（加號）加總，透過 + 加總，其中一個是 TRUE，就是 TRUE。

序號	月份比對	東區比對	中區比對	用 *AND	用 +OR
1	TRUE	FALSE	TRUE	0	2
2	TRUE	FALSE	TRUE	0	3
3	TRUE	FALSE	FALSE	0	FALSE
4	TRUE	FALSE	FALSE	0	FALSE
5	TRUE	FALSE	FALSE	0	FALSE

取得結果是：

訂單日期	區域	售價	數量	銷售額
2020/1/3	中區	450	2	900
2020/1/3	中區	10	5	50
2020/1/10	東區	20	4	80
2020/1/10	東區	25	5	125
2020/1/11	中區	20	2	40

區域的中區與東區都會出現。

01 計算各月廠商的數量

SUMIF 或 COUNTIF 系列的 range 是參照範圍的意思，所以除了可以標定範圍的 INDIRECT、OFFSET 與 INDEX 以外，難以用其他函數進行 range 作業。例如這個案例，range= MONTH(資料 !B:B) 無法擷取月份。首先計算各月各廠商的數量，也就是取得各月廠商的唯一值個數。先用 IF 將日期 =1 月時，執行 value_if_true 廠商編號，然後用 FREQUENCY 取得唯一值，再用 0 去除，最後用 COUNT 計算個數。

開啟「10.1 計算各月廠商的數量 .xlsx」。

	A	B	C	D	E
2		項目：	在資料表A:B		
3					
4		問題：	計算各月廠商的數量		
5		解答：	月份	廠商數_1	廠商數_2
6			1	2959	2959
7			2	2764	2764
8			3	3145	3145
9			4	2852	2852
10			5	2967	2967
11			6	2896	2896
12			7	3014	3014
13			8	2955	2955
14			9	2876	2876
15			10	2918	2918
16			11	2929	2929
17			12	3000	3000
18			總廠商數	6067	6067

資料在資料表 A:B，有 4 萬 8 千多筆。

首先，點選 D6。

```
COUNT(❹
   1/ ❸
   FREQUENCY(❷
      IF(❶
         MONTH(資料!B$2:B$48010)=C6,
         資料!A$2:A$48010
      ),
      IF(
         MONTH(資料!B$2:B$48010)=C6,
         資料!A$2:A$48010
      )
   )
)
```

1. IF 判斷資料表的 B 欄日期是否等於 C6 月份，是的話就執行資料表的 A 欄廠商編號，不是的話就是 FALSE。

廠商編號		出貨日期	Month		結果
12356		2021/3/8	3		FALSE
12356		2021/3/12	3		FALSE
12356		2021/3/26	3		FALSE
12356		2021/5/1	5		FALSE
12356		2021/9/14	9		FALSE
12356		2021/10/5	10		FALSE
12357	→	2021/1/27	1	→	**12357**
12357		2021/3/15	3		FALSE

2. FREQUENCE 的 data_array 和 bins_array 都是一樣，我們在 4.8 節曾經說明這 2 個用錯位方式或不等式方式來取得答案。假設 FREQUENCY({1;3;1;4;1;4;5}, {1;3;1;4;1;4;5}) 兩個引數相同，會取得：

02 依照篩選範圍計算區間個數

對於參照多表且不同筆數的資料計算是有難度的，如果再用篩選方式來計算區間個數，將考驗我們對多維函數應用。用 INDIRECT 來取得範圍名稱，再用 OFFSET 來標定範圍、SUMIF 計算，最後用 FREQUENCY 統計區間個數。

開啟「10.2 依照篩選範圍計算區間個數 .xlsx」。

	A	B	C	D	E	F	G
2	項目：		如2017與2018工作表A:D				
3							
4	問題：		依照篩選範圍計算區間個數				
5	解答：		區間	數量	傢俱	電器	辦公用品
6			5	2706	521	394	1376
7			10	1371	315	232	824
8			15	241	68	30	143
9			20	29	8	5	16
10			20 ↑	9	3	2	4

資料在 2017 與 2018 工作表。

首先，點選 D6。

```
FREQUENCY(❹
   SUMIF(❸
      OFFSET(❷
         INDIRECT({2017,2018}&"!D1"),❶
         ROW(1:2178),
      ),
      "<>"
   ),
   C6:C9
)
```

1. 用 INDIRECT 來表示範圍名稱，所以取得 {"2017!D1","2018!D1"}。

2. OFFSET 標定範圍，reference 是 INDIRECT 的範圍名稱，往下標定 2178 格。

3. SUMIF 統合這些範圍資料。

4. FREQUENCY 的 bins_array 是 C6:C9，進行區間計算，取得答案是 {2706;1371;
   241;29;9}。

接下來，點選 E6 來看看產品類別的區間統計。

```
FREQUENCY (❺
    IF(❹
        T(❸
            OFFSET(❷
                INDIRECT({2017,2018}&"!c1"),❶
                ROW(1:2178),
            )
        )=E5,
        SUMIF(OFFSET(INDIRECT({2017,2018}&"!D1"),ROW(1:2178),),"<>")
    ),
    $C6:$C9
)
```

1. 用 INDIRECT 來取得範圍名稱，答案是 {"2017!c1","2018!c1"}。

2. OFFSET 根據 INDIRECT 來標定開始的儲存格，然後 rows=ROW(1:2178)，向下
   取得 2178 格。

3. T 將 OFFSET 取得的資料顯示出來，判斷是否等於 E5（傢俱）。

4. IF 的 logical_test 判斷是否等於傢俱，是的話，執行 value_if_true，這個公式
   就如上一個公式所述。

5. 用 FREQUENCY 統計區間個數。

發現一個問題，總數量是 4356，但各產品數量加總是 3941，2017 是 1764 筆，
2018 是 2177 筆，2 年加總是 3941 筆，顯然總數量有誤。將 2177-1764 得到 413
筆，另外將 4356-3941 是 415 筆，這是透過 SUMIF 計算之後，2018 工作表（2177 筆）
會多出 413 個 0，而 FREQUENCY 將 0 界定在 5 以下 (2706-2291=415)，所以多出來
的都歸類在這個範圍。至於 415 比 413 多的 2 筆是標題。

03 加總表 1 與表 2 的 Amy 費用

跨表又需要符合條件加總，應該用 SUMIF 將資料分別加總，然後再用 SUM 加總一次。這節除了函數應用之外，也會說明巨集函數解決跨表計算的問題。

開啟「10.3 加總表 1 與表 2 的 Amy 費用 .xlsm」。

	A	B	C	D	E
2		項目：	如表1與表2		
3					
4		問題：	加總表1與表2的Amy費用		
5		解答：	247		
6			247		
7			247 <-使用get.workbook		

資料在表 1 與表 2。

首先，點選 C5。

```
SUM(❸
    SUMIF(❷
        INDIRECT("表"&ROW(1:2)&"!C:C"),❶
            "Amy",
        INDIRECT("表"&ROW(1:2)&"!D:D")
    )
)
```

1. 用 INDIRECT 界定表 1 與表 2 的 C 欄範圍。

2. 如果 SUMIF 的 range="Amy" 就是 TRUE，反應到 sum_range 的費用欄。得到 {77;170} 的答案。

3. 最後再用 SUM 將這兩個數字加總，就是 247。

其實也可以用 10.2 節的方法，點選 C6。

```
SUM(
    IF(
        T(OFFSET(INDIRECT("表"&COLUMN(A:B)&"!C1"),ROW(1:6),))="Amy",
        N(OFFSET(INDIRECT("表"&COLUMN(A:B)&"!D1"),ROW(1:6),))
    )
)
```

這個是用 OFFSET 來標定範圍，IF 的 logcal_test="Amy"，取得的數字陣列是：

T(OFFSET)			N(OFFSET)			IF 結果	
Amy	Amy		10	30		10	30
Ander	Ander		20	40		FALSE	FALSE
Robert	Robert	→	35	50	→	FALSE	FALSE
Amy	Amy		45	60		45	60
Ander	Ander		81	70		FALSE	FALSE
Amy	Amy		22	80		22	80

最後用 SUM 加總陣列，得到答案是 247。

第三個解法是用 GET.WORKBOOK，相信很多人沒看過這個函數，這個稱為巨集函數（Macro Functions）。存檔時，必須要存為 xlsm 格式，否則這個函數會不見。這類函數在 VBA 之前就存在，現在依然可用，數量非常多，在此只介紹 GET. CELL、GET.DOCUMENT 與 GET.WORKBOOK。這些函數不能直接輸入，要先定義名稱才可以執行。Office 365 版本的巨集函數預設為關閉，所以必須開啟此功能。點選**檔案 → 選項 → 信任中心 → 信任中心設定 → 巨集設定 → 在 VBA 巨集時啟用時啟用 Excel 4.0 巨集**。

點選 C7。

```
SUM(SUMIF(INDIRECT(MID(INDEX(Workbook,ROW(2:3)),FIND("]",INDEX
(Workbook,1))+1,10)&"!C:C"),"Amy",INDIRECT(MID(INDEX(Workbook,
ROW(2:3)),FIND("]",INDEX(Workbook,1))+1,10)&"!D:D")))
```

語法是：

```
GET.DOCUMENT(type_num, name_text)
```

type_num 是你所想要的資訊，輸入數值，就會返回特定的值。

name_text 是開啟的名稱格式（檔名、表名、圖名），若省略就是目前工作表名稱。

首先要定義名稱。

點選 A1，按**公式 → 定義名稱**，輸入：

名稱：myDoc

參照到：=GET.DOCUMENT(ROW())

GET.DOCUMENT 功能很多，擷取其中一段資料。

	A	B	C	D	E	F	G	H
1	[巨集函數.xlsm]Document				檔案與工作表名稱			
2	E:\教育\書籍創作\範本\10. 跨表多次計算參				路徑			
3	1				判斷name_text		1.工作表，2.圖表，3.	
4	TRUE				上次儲存後，產生變動是TRUE			
5	FALSE				工作表是唯獨是TRUE			
6	FALSE				工作表保護是TRUE			
7	FALSE				儲存格保護			

在 Document 工作表的 A1 輸入 myDoc，然後往下拖曳複製。

A1 顯示檔案與工作表名稱，A2 是目前檔案的路徑，A3 是判斷 name_text 並顯示數字，以下類推，參考檔案說明。

如果要顯示當前儲存格的頁碼，可以用以下的方法：

- GET.DOCUMENT(9)= 第一個使用的列號

- GET.DOCUMENT(10)= 最後一個使用的列號

- GET.DOCUMENT(11)= 第一個使用的欄號

- GET.DOCUMENT(12)= 最後一個使用的欄號

- GET.DOCUMENT(50)= 總頁數

- GET.DOCUMENT(64)= 分頁線的列號陣列 ={47,93}

- GET.DOCUMENT(65)= 分頁線的欄號陣列 ={10,19,28,37,46}

我們用第 10、50、64、65 來判斷當前所在儲存格的頁碼與總頁數。

首先要定義名稱。

```
lastPAGE=GET.DOCUMENT(10)
totPAGE=GET.DOCUMENT(50)
rowPAGE=GET.DOCUMENT(64)
colPAGE=GET.DOCUMENT(65)
```

根據 64 與 65 的分頁線陣列以表格表示頁碼。

	1	**9** 10	18 19
	第 1 頁	第 4 頁	第 7 頁
46 47	第 2 頁	第 5 頁	第 8 頁
92 93	第 3 頁	第 6 頁	第 9 頁

第 1-3 頁很容易就取得頁數，而第 4 頁開始必須先判斷最長有幾頁，這裡是 3 頁，然後再加上 1 即可。

點選 J2，這是第 4 頁。三段式用當前欄號除以 colPAGE 來判斷第幾欄，然後乘上橫列最大頁碼，就是 3 頁，最後加上橫列第 n 頁碼。

J2 是得到第 2 欄的頁碼，要降為 1，然後 1×3（橫列最大頁碼），最後當前位址是橫列第 1 頁，所以是 1×3+1=4。

S47 是 2×3+2=8，以此類推。

```
FLOOR((COLUMN()-1)/(INDEX(colPAGE,1)-1),1)* ❶
CEILING(lastROW/(INDEX(rowPAGE,1)-1),1)+ ❷
CEILING(ROW()/(INDEX(rowPAGE,1)-1),1) ❸
```

語法是：

```
CEILING(number, significance)
```

number 是數值。

significance 是 number 的上層倍數。

```
FLOOR(number, significance)
```

number 是數值。

significance 是 number 的下層倍數。

如 CEILING(7,3)=9，3 的最小倍數且高於 7 的是 9。而 FLOOR(7,3)=6 是 3 的最大倍數且低於 7 的是 6。

1. INDEX 是取 colPAGE 陣列的第 1 個分頁欄號再減 1，答案是 9，然後用 COLUMN 判斷當前欄號 (9)，並除以 INDEX 就可知道在第幾欄 (1)。下一步要用 FLOOR 的 significance=1 去除小數（等於 1 就不用），得知是第 1 欄（其實是第 2 欄）。

2. INDEX 是取 rowPAGE 的第 1 個分頁列號再減 1 是 46，lastROW 是最後一個使用的列號，除以 46 是 2.19，但沒有 2.19 頁，所以用 CEILING 自動進位，答案是 3，表示以橫列而言，最大是 3 頁，所以 1×3=3。

3. 最後判斷橫列第幾頁，ROW() 是 2 除以 INDEX 是 46，答案是 0.04，CEILING 自動進位，答案是 1，所以 1×3+1=4。

語法是：

```
GET.WORKBOOK(type_num, name_text)
```

type_num 是你所想要的資訊，輸入數值，就會返回特定的值。

name_text 是開啟的名稱格式（檔名、表名、圖名），若省略就是目前工作表名稱。

首先要定義名稱。

點選 A1，按**公式 → 定義名稱**，輸入：

名稱：myWORKBOOK

參照到：=GET. WORKBOOK (ROW())

GET.WOKBOOK(1) 比較常用，返回活頁簿的工作表名稱，可以製作一個目錄。

```
I1=TRANSPOSE(MID(myWorkbook,FIND("]",myWorkbook)+1,10))&T(NOW())
```

這是用 FIND 找到 "]" 後一個的位置數，然後 MID 取出表名。&T(NOW()) 是持續性計算，所以增加工作表且表格變動時，就會變動。如果是數值就用 +NOW()*0。

點選 J2，定義名稱 myLIST=

```
MID(❸
    INDEX(GET.WORKBOOK(1),ROW(A1)),
    FIND("]",❷
        INDEX(GET.WORKBOOK(1),ROW(A1))❶
    )+1,
    10
)
&T(NOW())
```

1. GET.WORKBOOK(1) 會取得三個工作表名稱，{"[巨集函數.xlsm]Cell","[巨集函數.xlsm]Document","[巨集函數.xlsm]Workbook"}，INDEX 的 row_num=ROW(A1) 是 1，所以取得 "[巨集函數.xlsm]Cell"。

2. FIND 的 find_text="]"，搜尋 "[巨集函數.xlsm]Cell"，答案是 12，再加 1 等於 13。

3. MID 的 text="［巨集函數 .xlsm]Cell"，start_num=13，num_chars=10，所以會取得 Cell。往下拖曳複製依序取得 Document 與 Workbook。

接下來要製作目錄，不用參照 I1 或 J1，直接使用 myList。點選 K1。

```
IFERROR(❷
    HYPERLINK(❶
        "#"&myList&"!A1",
        myList
    ),
    ""
)
```

1. HYPERLINK 的 link_location，可以是文件的位置，路徑可以在內外部網路、本機或當前的工作簿，工作表的位址。在這裡可以用 # 表示當前工作簿，所以 link_location="#"&myList&"!A1" 是 "#Cell!A1"，而 friendly_name=myList 賦予名稱，是 Cell。可選擇性，如果省略，就顯示 link_location 的值。

2. 如果錯誤則顯示空白。

跨表多次計算時，只跨一個表比較容易理解，我們用多個彙總函數來處理多條件產生多範圍的計算。

下一章，將探討更加困難的跨表多範圍的參照，也就是跨多表以及多條件、多範圍的計算。

跨表多範圍參照

本章要說明在多表之下的計算方式,雖然使用的都是一樣的函數,但在多維模式下,需要有維度與陣列和函數的適當應用才能找到資料並且計算。

MATCH 只能找到一筆資料，所以 INDEX 也只能顯示一筆，曾經提過顯示多值的方法，這次我們用其他的方式顯示多值。

點選 C15。

```
INDEX(
    表格1[#全部],
    SMALL(
        IF((表格1[業務員]=C$6)*MONTH(表格1[訂單日期])=D$6,ROW($2:$1078)),
        ROW(A1)
    ),
    0
)
```

將表格跟欄名組合一起就稱為結構化參照（structured references），在用函數引用範圍時，比較簡單並容易解讀。透過表格格式化之後，就可以進行結構化參照。

點選**常用 → 格式化為表格**，選擇其中一個樣式。

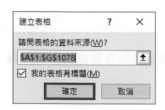

然後，顯示對話方塊，再按**確定**。也可以按 CTRL+T。

點選表格範圍的一格，在表格設計的表格名稱，有名稱可以修改。

結構化參照可分 4 個部分：

- 資料表名稱：自訂資料表的名稱，如表格 1。

- 欄指定元：表示表格欄位的名稱，可以用這個名稱當成指定範圍計算，需用中括號將名稱包覆其中。如 [業務員]、[訂單日期]。

- 專案指定元：特定項目的名稱，如表格 1[# 全部] 表示表格 1 的全部資料。除了 [# 全部]，還有 [# 資料] 是表格資料，沒有標題，[# 標題] 是只有標題部分，[# 總計] 是最後一列的總計，先要開啟總計列，否則會產生錯誤值 #REF，[@] 是所在位置的當前列。

- 結構化參照：參照範圍時，將表格名稱跟欄指定元或專案指定元組合。如表格 1[# 全部]、表格 1[業務員]。

在資料工作表 (表格 1) 新增一欄，要給各區的獎金 %，北區 7%，中區 5%，南區 4%，東區 3%。

H1= 獎金 %。

H2 的公式是：

```
LOOKUP(
    1,
    0/
      ({"北區","中區","南區","東區"}=[@區域]),
    {0.007,0.005,0.004,0.003}
)
```

會得到：

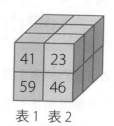

表 1　表 2

點選 D9。

```
SUM(
    SUMIF(
        OFFSET(
            INDIRECT({"表1";"表2"}&"!"&{"b1","d1"}),
            ,,4
        ),
        "<>"
    )
)
```

使用 SUM 加總 SUMIF 合計的值。

N(OFFSET)	
41	59
23	46

→

SUMIF(OFFSET)	
147	141
125	131

→

SUM(SUMIF)
544

其實不用 OFFSET 也是可行，點選 E9。

```
SUM(
    SUMIF(
        INDIRECT({"表1";"表2"}&"!"&{"b:b","d:d"}),
        "<>"
    )
)
```

答案一樣是 544。

曾經提過 SUBTOTAL 跟 xIF 一樣可以計算多維資料，點選 F9。

```
SUM(
    SUBTOTAL(
        9,
        INDIRECT({"表1";"表2"}&"!"&{"b:b","d:d"})
    )
)
```

SUBTOTAL 的 function_num=9 是加總功能，跟 SUMIF 同樣功能，差異在於 SUMIF 的 criteria 準則能夠使用條件式判斷，而 SUBTOTAL 沒有這個功能。

當然，也可以使用上節所學的結構式參照，點選 G9。

```
SUM(
    表格_1[2015年],
    表格_1[2017年],
    表格_2[2015年],
    表格_2[2017年]
)
```

一個一個表格與直欄計算，如果表格多的話，或用：

```
SUM(
    SUMIF(
        INDIRECT("表格_"&COLUMN(A:B)&{"[2015年]";"[2017年]"}),
        "<>"
    )
)
```

xIF 有很多彙總函數功能，除了 SUMIF 以外，還有 COUNTIF、AVERAGEIF…等，點選 D13。

```
SUM(
    COUNTIF(
        INDIRECT({"表1";"表2"}&"!"&{"b:b","d:d"}),
        "<>"
    )
)
```

這是計算個數，一共有 16 筆。

也可以按 Alt-D-P，點選「**多重彙總資料範圍**」與「**樞紐分析表**」，再按「**下一步**」。

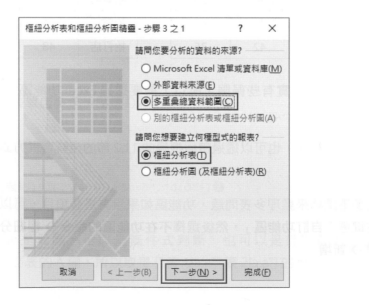

然後,點選「**請幫我建立一個分頁欄位**」,再按「**下一步**」。

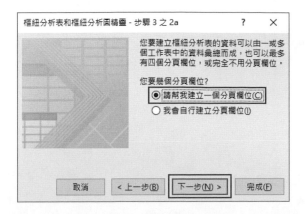

接下來在範圍框選擇「**表 1 範圍**」,按「**新增**」,表 2 也是一樣動作,所有範圍框顯示表 1 與表 2 的範圍。

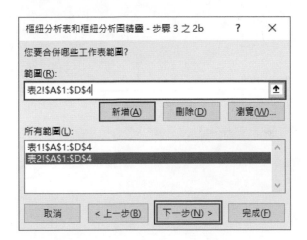

最後顯示多重彙總的樞紐分析表,透過篩選可以得到多表多年多店的資料分析。

加總 - 值	欄標籤		
列標籤	2015 年	2017 年	總計
抬打店	104	87	191
抬氣店	64	105	169
總計	168	192	360

本章我們學到如何跨多表多範圍計算，牽涉多維度參照。函數無法處理太多維度的計算，但可以透過樞紐分析表或多重彙總功能來完成分析工作。

下一章將進行跨檔參照問題，也將解釋重要函數的引數概念。

跨檔參照

本章將説明前面所提的重要函數是否能跨檔參照並計算,我們將複習這些重要函數,並説明引數的應用,尤其是第 1 引數關係跨檔查閱與參照的可行度,當然跟參照檔的開啟或關閉也有關係。

01 函數引數說明

函數語法是引數所組成，雖然相同的引數在不同函數裡，有時會有少部分的不同，但大部分都是相同意思。在微軟網站的語法解釋中會根據引數來說明應用方式，但它的說明只是簡單，不全面的解釋。我們試圖用函數測試來解釋引數的意義。

開啟「12.1 函數引數説明 .xlsx」。

依照重要函數可以分成彙總函數、查閱與參照函數、邏輯函數與搜尋函數等。我們一個一個分析這些函數，用在跨表計算。

```
SUM(number1,[number2],...)
```

SUM 是將全部數值加總，引數 number 是數值，所以在括號裡的數值全部加總。SUM 也可以做邏輯判斷，跟 SUMPRODUCT 的功能類似。

	C	D	E	F
29	1	2	3	
30	4	5	6	7
31	8	9	10	11
32		12	13	14

資料在 C29:F32。將小於 5 加總，公式是：

```
SUM((C29:F32<5)*C29:F32)
1+2+3+4=10
```

如果想要增加一個條件，大於 10，就要配合 SUMIF。畢竟單儲存格的值不會小於 5 又大於 10，這兩個條件關係是 AND。

SUM(SUMIF(C29:F32,{"<5",">10"}))=30，這是 OR 的關係。

```
SUM((C29:F32<5)*(C29:F32>10)*C29:F32)
SUM(SUMIFS(C29:F32,C29:F32,"<5",C29:F32,">10"))
```

上面 2 個公式的條件 <5 與 >10 是 AND 的關係，所以答案是 0。

```
SUM(C29:E31 D30:F32)
```

引數中間空一格是計算表格交集的範圍，5+6+9+10=30。當然將 SUM 改為 COUNT 也是可以計算，答案是 4。

許多彙總函數的引數都是 number，但是語法不一定相同。

```
H3=SUM('20年:21年'!B:B)
```

這是加總 20 與 21 年 2 個表的 B 欄數值，number 可以用前後工作表名來表示範圍，AVERAGE 引數是 number，也是可以用這個方法。而 MODE 是 number 卻不行，會產生錯誤值 #REF!，但是 COUNT 的引數是 value 卻可以用。

這種語法有非常大的功用，如果你有 10 個工作表，你就可以用 '10 年 :20 年 '!B:B 來計算這 10 個表的 B 欄，而不用一個表一個表計算，或用 INDIRECT 來取得表名計算。

關於標定範圍，通常我們使用如 A1:C3，表示函數要參照這個範圍計算，也有用 R1C1 的樣式或定義名稱，它的公式參照範圍就是這 2 個樣式。然而，還有一種方法卻很少人會用。

```
IF(1,B2):CHOOSE(1,B5)
```

這是 B2:B5 的範圍，即使函數前後調換也是 B2:B5。

```
CHOOSE(1,B5):B2
```

後面不用函數，也是 B2:B5 範圍。

```
IF(1,B2):OFFSET(B4,2,)
```

這 個 是 B2:B6，因 為 OFFSET 的 reference 是 B4，而 row 是 2，B4 向 下 延 2 格 是 B6。

```
COUNTA(IF(1,B2):CHOOSE(1,B5))
```

你可以彙總這個範圍，COUNTA 計算範圍裡的個數是 4。

```
SUM(IF(1,'20年'!B2):CHOOSE(1,'20年'!B4))
```

也可以跨表加總，但 20 改 21 加總 2 表卻不行。

這種標定範圍的方法比較少用，畢竟直接使用 B2:B5 即可。如果要用邏輯判斷來標定範圍，單獨直接用 IF 或 CHOOSE 也能解決問題。

```
H3=SUM('20年:21年'!B:B)
```

跟上面不同，這個公式是可行的，改成 B2:C3 也可以計算。

```
I3=SUM('20年:21年'!D:D*10)
```

但是在裡面不能四則運算，只能在 SUM 外面另行計算。

```
SUMPRODUCT (array1，[array2]，[array3]，...)
```

SUMPRODUCT 是相乘後相加，和 MMULT 一樣，只是陣列應用不同，引數是 array，陣列就是要對稱，A1:A3 對上 B1:B3 要同樣格數。

```
H4=SUMPRODUCT(('20年'!B2:B4)+('21年'!B2:B4))
```

答案一樣是 1640，但是

```
I4=SUMPRODUCT('20年:21年'!B2:B4)
```

卻不能使用，只能一個表一個表計算。

```
COUNT(value1, [value2], ...)
```

COUNT 的引數是 value，跟 SUM 的 number 不一樣。

```
H5=COUNT('20年:21年'!B:B)
```

可以計算跨檔範圍。

```
J5=COUNT('20年:21年'!D:D/'20年'!C5,'20年'!D4)
```

得到答案是 1，如果用 SUM 會得到錯誤值，因為 value1 是錯誤值，而 COUNT 可以忽略錯誤值，value2 是 1，所以答案是 1。

```
COUNTIF(range, criteria)
```

COUNTIF 的第一引數是 range，範圍內容可用文字型與數字型，依照 criteria 的準則條件來計算範圍個數。

```
H6=COUNTIF('20年'!B:B,">210")
```

這是計算 20 年工作表的 B 欄大於 210 的個數。range 無法進行計算，但可用 OFFSET、INDIRECT、INDEX 的標定範圍。

```
I6=COUNTIF(('20年'!C:C)/2,">210")
```

range/2 是錯誤的。

```
J6=COUNTIF(OFFSET('20年'!D1,,,3),"<>")
```

使用 OFFSET 沒問題，可計算。

```
K6=COUNTIF(IF(1,B2):CHOOSE(1,B5),"<>")
```

如果用前面所提的函數標定範圍也可以計算。

```
L6=COUNTIF('20年:21年'!B:B,">210")
```

使用 COUNT 的 value 方式在 COUNTIF 的 range 是無法執行的。

```
COUNTIFS(criteria_range1, criteria1, [criteria_range2, criteria2]…)
```

COUNTIFS 跟 COUNTIF 類似，COUNTIFS 可以用多個準則條件。

```
H7=COUNTIFS('20年'!B:B,">210")
```

答案是 2，將 20 年改 21 年也是有兩筆資料大於 210。但是

```
K7=COUNTIFS('20年'!B:B,">210",'21年'!B:B,">210")
```

答案是 1。

20 年	21 年		邏輯關係	
1 月	**1 月**		OR	AND
300	150		TRUE	FALSE
200	290		TRUE	FALSE
250	**450**		TRUE	**TRUE**

OR 邏輯關係是 OR(G4>210,H4>210)，AND 是 AND(G4>210,H4>210)。

從邏輯關係可知，以 OR 來判斷只要一個成立都是 TRUE，而 AND 是要兩個同時成立才是 TRUE。所以，COUNTIFS 多條件判斷的關係是 AND，答案才是 1 筆，否則 OR 是 3。

SUMIF 是根據準則條件來加總範圍。

```
H8=SUMIF('20年'!A:A,"洗衣機",'20年'!D:D)
```

20 年工作表的 A 欄是洗衣機就加總同表 D 欄，如果是 21 年的 D 欄的話，也是可以加總。但是

```
I8=SUMIF('20年:21年'!A:A,"洗衣機",'20年:21年'!B:B)
```

用多工作表範圍表示卻不行。如果計算多表多範圍就要參考第 11 章「跨表多範圍參照」。

原則上，SUMIFS 跟 SUMIF 類似，只是它把引數 sum_range 移到第 1 個，第 2 個以後要成對才不會產生錯誤，而 COUNTIFS 多是成對和 SUMIFS 不同，這表示 COUNTIFS 可以多範圍計算，而 SUMIFS 只能單範圍（可以透過 SUM 與 INDIRECT 來進行多範圍計算，請參考第 11 章）。

那麼，SUMIFS(SUMIF) 跟 SUM(IF) 有什麼不同呢？

SUM(IF) 也可以多條件加總，加總 value_if_true：

```
K9=SUM(IF('20年'!B2:B4>210,'20年'!C2:C4,'20年'!D2:D4))
```

1月	2月	3月
300	410	280
200	354	340
250	255	450

這個答案是 401+255+340=1005。

```
SUBTOTAL(function_num,ref1,[ref2],...)
```

SUBTOTAL 跟 xlf 系列一樣可進行多維計算，它的第 2 引數是 ref，ref 可以多個，所以可以進行多範圍計算。

```
H10=SUBTOTAL(9,'20年'!B2:B4,'21年'!B2:B4)
```

Function_num=9 是 SUM 的意思，所以可以進行 20 與 21 年工作表的 B 欄加總。

```
I10=SUBTOTAL(9,'20年:21年'!B:B)
```

但是不能進行多表範圍加總。

```
J10=SUBTOTAL(9,'20年'!C2:C4*2)
```

ref 也是不能進行參照範圍計算。

```
K10=SUBTOTAL(9,OFFSET('20年'!B1,,,3))
```

但可以用函數標定範圍來計算。

```
MMULT(array1, array2)
```

MMULT 的引數是 array，但是它跟 SUMPRODUCT 的 array 不一樣，一樣都是陣列的意思，也能用條件判斷，但 MMULT 只能有兩個 array，而 SUMPORDUCT 最多可以到 255 個 array。還有 SUMPRODUCT 的 array 資料需要相同方向，直欄對直欄、橫列對橫列，而 MMULT 需要橫列對直欄或直欄對橫列。兩個格數都要一樣。

```
H11=MMULT('20年'!B2:C2,J5:J6)
```

'20 年 '!B2:C2 是橫列，J5:J6 是直欄，將直欄轉為橫列、或橫列轉為直欄，都是兩格才有作用。

```
I11=MMULT(H5:J5,J5:J6)
```

H5:J5 是 3 格，J5:J6 是 2 格，所以產生錯誤值。

```
J11=MMULT(N('20年'!B2:D2>300),'20年'!B2:B4)
```

當然可以用條件判斷式，因為會產生 TRUE 或 FALSE，MMULT 無法對空格、錯誤值、T/F 與文字型（注意有些看起來是數字，但卻是文字型）進行計算，所以我們要將 T/F 用 N 轉成 1/0 才能計算。

```
L11=MMULT(J5:J6,I5:J5)
```

array1 是直欄，array2 是橫列會產生陣列答案。

```
FREQUENCY(data_array, bins_array)
```

FREQUENCY 是計算數值在區間出現的頻率，兩個引數都是 array 型態，一個是 dada_array；另一個是 bins_array。

```
I12=FREQUENCY('20年'!B2:D4,H12:H14)
```

可以根據 20 年的工作表資料計算出現頻率。

```
J12=FREQUENCY('20年:21年'!B2:D4,H12:H14)
```

也可以跟 SUM 的 number 一樣，使用工作表範圍表示。

```
K12=FREQUENCY(('20年'!B2:B4,'20年'!D2:D4),H12:H14)
```

或者用括號將同工作表格資料包含在內也可以計算，但無法計算不同表的資料。

```
LARGE(array, k)
SMALL(array, k)
```

LARGE/SMALL 的引數是 array，跟 SUMPRODUCT 與 MMULT 一樣。它會忽略 TRUE
和 FALSE，不能有錯誤值。

```
I16=LARGE('20年:21年'!B:C,1)
```

跟 SUM 一樣，可以用多工作表範圍。

```
J16=LARGE(('20年'!A1:D4,'21年'!A1:D4),1)
```

括弧裡不能用這種跨表方式。

```
K16=LARGE(('20年'!B2:B4,'20年'!D2:D4),1)
```

但同表卻可行。

```
J17=SMALL((H12:H13,H14:J14),1)
```

括弧裡可以接受不同格數或方向的陣列，這一點跟 SUMPRODUCT 與 MMULT 不同。

```
K17=SMALL(I12:J13*2,2)
```

也能進行計算，但 range 是不行的。

```
INDIRECT(ref_text, [a1])
```

INDIRECT 是很強大的函數，就如字面的意思是間接、迂迴一樣，透過 ref_text 可以使用很多間接參照範圍的方式，各章都曾用到這個函數，跨多表、跨檔、多範圍都會用到這個函數，也能用 A1 或 R1C1 樣式強化間接參照的功能。但也有缺點，它是 VOLATILE FUNCTIONS，用多了，會增加運作時間。在下一章的執行速度會說明這個狀況。

ref_text 可以用數字型或文字型，也可以使用範圍、定義名稱、函數、陣列，它還有一個很特殊的範圍標示法，[整數] 配合 R1C1 樣式。

```
K18=INDIRECT("r[-1]c",0)
```

是所在位置 K18 的 ROW 往上一格，COLUMN 不變，第二引數 0 是 R1C1 樣式。r（大小寫不限）控制上下，c 控制左右，負數往上往左，正數往右往下。只能用整數，其他通通不行。

```
L18=SUM(INDIRECT("r[-3]c[-1]:r[-6]c",))
```

在 L18 的儲存格 ROW 向上 3 格、COLUMN 向左 1 格與 ROW 向上 6 格的範圍，就是 K12:L15 的範圍。

```
M18=SUM(INDIRECT("r1c:r[-1]c",))
```

M 欄不變，ROW 的第一個 =M1，當前 ROW-1=17，所以是合計 M1:M17 的值。

```
OFFSET(reference, rows, cols, [height], [width])
```

OFFSET 是 reference（參照形式），它是一種起始點，可以單格，如果是範圍的話，起始點在範圍內左上角第一格。reference 跟 SUBTOTAL 的 ref 和 INDIRECT 的 ref_text 還是有差異。

```
H19=OFFSET('20年'!A1:C4,,,1,1)
```

可以用在跨表範圍運算，注意 !reference 是範圍時，用 rows 或 cols 移動是整個範圍移動。

```
I19=OFFSET((B7:C9,B11:C22),1,)
```

不能有多範圍或多個單儲存格，無法判斷起始點是哪一個。

```
J19=OFFSET(IF(1,B2):CHOOSE(1,B5),,,1,1)
```

reference 可以用在標定範圍的函數，INDIRECT、INDEX、OFFSET 或上面公式的方法均可。但是，不能用在計算。reference 是判斷儲存格的位址，而不是內容，所以即使是錯誤值，也是可以當起始點。

```
INDEX(array, row_num, [column_num])
INDEX(reference, row_num, [column_num], [area_num])
```

INDEX 有兩種：array 和 reference（陣列與參照形式）；array 是範圍或常數陣列，而 reference 可以用不連續範圍並可指定參照範圍。

```
H21=INDEX((B2:C6,B8:C11,B12:E12),1,2,3)
```

reference 多範圍參照需要將各範圍用括號包含在內，透過 area_num 來決定第幾個範圍。

```
I21=INDEX(('20年'!B2:C4,'21年'!A1:B3),1,1,2)
```

多範圍不能跨表，需要同表，所以 reference=('20 年 '!B2:C4,'20 年 '!A1:B3) 是可行的。

```
J21=CHOOSE(2,INDEX('20年'!B2:C4,1,1),INDEX('21年'!A1:B3,1,1))
```

如果要多範圍選擇，可以用 CHOOSE，透過 index_num 來選擇跨表範圍。

```
MATCH(lookup_value, lookup_array, [match_type])
```

MATCH 函數已經提過很多次了，查閱與參照函數裡，大都是返回值，而 MATCH 返回相對位置的序數。

lookup_value 可以是文字、數字或邏輯值，也可以是一種儲存格的參照，如 A1、C3 等。

lookup_array 是陣列形式的範圍。

```
H22=MATCH("電冰箱",'20年'!A:A,0)
```

可以搜尋他表的單一範圍。

```
I22=MATCH(430,'20年:21年'!D:D,0)
```

有 2 個表會傳回錯誤值。

```
VLOOKUP (lookup_value, table_array, col_index_num, [range_lookup])
```

VLOOKUP 的 table_array 也是陣列形式，這個陣列第一欄是 lookup_value 搜尋的欄位。

```
H23=VLOOKUP("電視機",'20年'!A1:D4,2,0)
```

可以是其他工作表。

```
I23=VLOOKUP(430,'20年:21年'!D:D,1,0)
```

但是，不能是多表陣列形式，會返回錯誤值。

```
K23=IFNA(VLOOKUP(290,'20年'!B:D,3,0),VLOOKUP(290,'21年'!B:D,3,0))
```

可以用 IFNA 來查詢多表，value 返回錯誤值，就可以用 value_if_na。

```
LOOKUP(lookup_value, lookup_vector, [result_vector])
LOOKUP(lookup_value, array)
```

第 2 章解釋過 LOOKUP 的運作方式，它也有兩個參照引數 lookup_vector 與 array（向量形式與陣列形式）。lookup_vector 需要排序，沒有排序可能找到不是目標的值。

```
H24=LOOKUP("電視機",'20年'!A1:A4,'20年'!D1:D4)
```

可以查詢它表，result_vector 可以跟 lookup_vector 的資料顯示不同方向，電視機在第 4 個，result_vector 也會顯示第 4 個的值。

```
I24=LOOKUP("電冰箱",'20年'!A1:A4,B2:B20)
```

也可以用在不同表運作。

```
J24=LOOKUP(0,0/("洗衣機"='20年'!A1:A4),'21年'!A1)
```

如果 lookup_result 沒有排序的話，就得不到正確值，可以用這個方式查詢，在第 2 章曾經提過它的運作方式。

```
H25=LOOKUP(300,'20年'!C2:D4)
```

用陣列形式可以改用 VLOOKUUP 或 HLOOKUP 會比較好。它會根據陣列的第一欄跟 lookup_value 比對，顯示最後一欄的值，這個第一欄沒排序會顯示錯誤值。

```
J25=LOOKUP(300,'21年'!B2:D4)
```

這個 21 年工作表 B 欄有排序，所以會顯示 430。

至於何時是第一欄的比對？何時又是第一列的比對呢？

```
K25=LOOKUP(7,D29:E32)
```

這要看是長形陣列或橫形陣列，這個是長形陣列，所以比對第一欄，顯示最後一欄相對的值。正方形陣列也跟長形陣列一樣。

```
L25=LOOKUP(5.5,C30:F31)
```

這個是橫形陣列，所以比對第一列，顯示最後一列相對的值。

函數名稱	引數1	引數2	引數3	引數4	引數5	結果				
SUM	number1	[number2]	[number3]			1640	#REF!	2522		
SUMPRODUCT	array1	[array2]	[array3]			1640	#REF!	3229	#VALUE!	
COUNT	value1	[value2]	[value3]			6	6	1		
COUNTIF	range	criteria				2	2	3	4	#VALUE!
COUNTIFS	criteria_range1	criteria1	[criteria_range2]	[criteria2]		2		3	1	
SUMIF	range	criteria	[sum_range]			340	#VALUE!	440		
SUMIFS	sum_range	criteria_range1	criteria1			340	#VALUE!	440	1005	665
SUBTOTAL	function_num	ref1	…			1640	#VALUE!		500	
MMULT	array1	array2				1530	#VALUE!	200	6	1
FREQUENCY	data_array	bins_array				200	1	2	1	
						300	4	5	3	18
						400	2	5	1	3
LARGE	array	k				450	450	#VALUE!	450	#VALUE!
SMALL	array	k				200	150	2	4	24
INDIRECT	ref_text	[a1]				電冰箱	300	200	4	
OFFSET	reference	rows	cols	[height]	[width]	產品	#VALUE!	函數名稱		
INDEX	array	row_num	[column_num]			300	電冰箱	產品	300	280
	reference	row_num	column_num	[area_num]		data_array	#VALUE!		410	
MATCH	lookup_value	lookup_array	[match_type]			2	#VALUE!	#VALUE!	2	
VLOOKUP	lookup_value	table_array	col_index_num	[range_lookup]		250	#VALUE!	#VALUE!	340	430
LOOKUP	lookup_value	lookup_vector	[result_vector]			450	SUM	2月	430	洗衣機
	lookup_value	array				#N/A	#N/A	430	6	9

02 跨檔參照函數說明

解釋過參照函數的引數，對本檔運算都沒問題，不管是本表或跨表。本節將說明這些函數是否能跨檔運算，將在開啟與關閉參照檔的狀況下，判斷是否能顯示答案。

開啟「12.2 跨檔參照函數說明 .xlsx」、「X 檔 .xlsx」與「Y 檔 .xlsx」。

```
H3=SUM('E:\路徑\12. 跨檔參照\[12.1 函數引數說明.xlsx]20年:21年'!B:B)
```

首先要參照其他檔，必須要循著路徑到欄位：

- 'E:\ 路徑：是參照檔存放資料夾的地方，如果是主檔跟參照檔是同樣地方就可以省略。注意前後的單引號，有時比較簡單的參照可以省略，但是最好能標示出來，以免產生錯誤值。

- \[12.1 函數引數說明 .xlsx]：續接必須是檔名，用反斜線 (\) 隔開路徑，中括號 ([]) 內涵蓋檔名。

- 20 年 :21 年'：工作表名稱，注意單引號。

- !B:B：欄號與列號，前面必須是驚嘆號隔開。

所以，必須注意三種間隔符號，'、\ 與 [] 的應用

N 欄在開啟 X 與 Y 檔時，全部都會顯示答案。

```
N3=SUM('[X檔.xlsx]20年'!$B$2:$B$4,'[Y檔.xlsx]21年'!$B$2:$B$4)
```

在計算 X 與 Y 檔通通沒問題。

```
N8=SUMIF('[X檔.xlsx]20年'!A:A,"洗衣機",'[Y檔.xlsx]21年'!D:D)
```

SUMIF 在計算 2 檔也很順利。我們來試看看第 10 章的運算方式在跨檔是否可行？

點選 O8。

```
SUM(
    SUMIF(
        INDIRECT(
            {"'[X檔.xlsx]20年'",
            "'[Y檔.xlsx]21年'"}&"!D1:D4"
        ),
        "<>"
    )
)
```

原則上也可以用 INDIRECT 來表示多檔名稱：

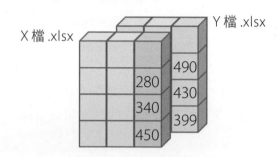

用 SUMIF 計算之後，得到 {1070,1319}。最後用 SUM 加總，得到 2389。

點選 P8。

```
SUM(
    SUMIF(
        INDIRECT(
            {"'[X檔.xlsx]20年'",
            "'[Y檔.xlsx]21年'"}&"!"&{"B:B","D:D"}
        ),
        "<>"
    )
)
```

這是多檔多月的計算方式，它跟 Q8 的答案不一樣。

```
Q8=SUM(SUMIF(INDIRECT({"'[X檔.xlsx]20年'","'[Y檔.xlsx]21年'"}&{"!B:B";
"!D:D"}),"<>"))
```

這兩個公式的差異是將驚嘆號 (!) 放入常數陣列，還有分隔以分號 (;) 替換逗號 (,)。

P8 的運作方式是：

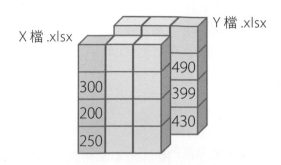

Q8 的運作方式是：

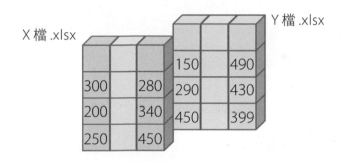

P8 的 SUMIF 計算之後，得到 {750,1319}。Q8 則是 {750,890;1070,1319}。

點選 P9。

```
SUM(
    SUMIF(
        INDIRECT(
            {"'[X檔.xlsx]20年'","'[Y檔.xlsx]21年'"}&"!A:A"),
            "電視機",
        INDIRECT({"'[X檔.xlsx]20年'","'[Y檔.xlsx]21年'"}&{"!B:B";"!D:D"})
    )
)
```

這是多檔單品多月的計算方式。

SUMIF 計算之後，得到 {250,450;450,399}，最後用 SUM 計算得到 1549。

點選 Q9。

```
SUM(
    SUMIF(
        INDIRECT({"'[X檔.xlsx]20年'","'[Y檔.xlsx]21年'"}&"!A:A"),
        {"電冰箱";"電視機"},
        INDIRECT({"'[X檔.xlsx]20年'","'[Y檔.xlsx]21年'"}&"!B:B")
    )
)
```

這是多檔多品單月的計算方式。

SUMIF 計算得到 {300,150;250,450}，用 SUM 計算得到 1150。

```
O12=MMULT('[X檔.xlsx]20年'!$B$2:$D$2,'[Y檔.xlsx]21年'!B2:B4^0)
```

array1

300	410	280

array2

150	1
290	1
450	1

MMULT 可以跨檔相乘後相加，得到 990。

```
O16=LARGE(('[X檔.xlsx]20年'!A1:D4,'[Y檔.xlsx]21年'!A1:D4),1)
```

LARGE 跟 SMALL 不能跨檔比對。

```
O21=INDEX(('[X檔.xlsx]20年'!$B$2:$D$4,'[Y檔.xlsx]21年'!$B$2:$D$4),1,2,1)
```

INDEX 的 reference 同表可以多區域參照，跨檔不行。

接下來，將 X 與 Y 檔關閉，再按 F9，有些會出現錯誤值。

在 N 欄裡的 N18 的 INDIRECT 引數 ref_text 與 N19 的 OFFSET 引數 reference 會產生錯誤值。而 COUNTIF 的 O8:Q9 的 range 也會產生錯誤，但 N7 卻正常，按 F2，再按 Enter，結果也是錯誤。

接下來，一個一個重新執行之後，產生錯誤值的函數是 COUNTIF、COUNTIFS、SUMIF、SUMIFS、INDIRECT 與 OFFSET，它們的參照引數是：

```
range、criteria_range、ref_text、reference(OFFSET)
```

關檔還可以用的參照引數有 number、array、value、data_array、reference(INDEX)、lookup_value

比較有爭議的是 INDEX 與 OFFSET 的 reference 一個關檔可用，一個是不能用，這一點差異必須注意。

如果想要關檔還可以用的話，可以利用一種方式，在第 10 章曾經提過的檔案合併，將 Y 檔附加在 X 檔之下就可以運算了。

跨檔參照是要引述其他檔案的資料，然後計算。在本檔任何函數都可以使用，但是跨檔必須考慮某些函數不能關閉檔案，否則會產生錯誤值。我們知道引數 range 與 array 的差異，也了解引數雖然一樣，但是在各函數的規則之下，也會有小小的差異。其他的計算方法與使用規則大都跟本檔一樣，所以就不再進行重複案例分析。

最後一章，我們將探討執行速度問題。

執行速度

曾經有人問我，開檔要花 3 分鐘到底是什麼原因？發現檔案裡面至少有 30 個表單控制項的核取方塊，難怪這麼慢。執行速度關係硬體設備、軟體應用與運算容量，而表單控制項使用過於氾濫是軟體應用的不當。最後一章我們要探討 Excel 函數對執行速度的影響。

本章重點

01 函數執行速度問題

當你打開 Excel 檔案時，什麼都沒動，隨即關閉檔案，它如果顯示需要存檔的對話方塊時，這表示你的工作表有一種特別稱呼的函數—VOLATILE FUNCTIONS。有人稱呼它為易失函數、易失性函數、變動函數、動態函數或直接翻譯成易揮發性函數，或解釋為暫時性。所以從解釋方面來看，這類函數不是很固定，會隨時變動並且重新計算的意思。例如：NOW 函數，因為它要取得當前時間，所以它要不斷參照系統時間或計算。

儲存格重算通常與函數或其他儲存格有關聯性，例如：

```
A1=1
A2=2
A3=SUM(A1:A2)
A4=A3*10%
```

所以只有 A1 變動數字，A3 與 A4 就會重算一遍，其他無關聯並不會重算，以節省運算時間。但動態函數隨時都在運算，運算次數頻繁就會花費更多時間，如果這類函數過多就會影響執行速度。

就影響計算速度而言，有很多狀況可以探討，關係硬體設備、軟體應用與運算容量。增加或提升硬體設備確實能增加 Excel 運算速度，但那不是 Excel 本身可以解決的問題，所以我們必須從軟體應用與運算容量著手。而 Excel 的資料越多，容量越大，用函數計算時，速度就會慢下來。因此，如果可以，請選擇樞紐分析表或篩選，或者使用另外軟體，如 POWER QUERY、ACCESS、POWER BI…等處理完畢後，再擷取重要資料複製到 Excel 再次計算。

Excel 軟體應用是需要探討計算速度降下來的原因，尤其是函數中的動態函數。

動態函數包含：

- 時間函數
    - TODAY
    - NOW
- 數學與三角函數
    - SUMIF（依引數而定）
    - RAND
    - RANDBETWEEN

- 查閱與參照函數
    - OFFSET
    - INDIRECT
- 資訊函數
    - CELL（依引數而定）
    - INFO（依引數而定）

另外，沒有在微軟定義當中的 INDEX 是不是呢？此函數在 97 版以後已經改善了。還有舊版是動態函數，現在已經改善了，如 ROWS、COLUMNS、AREAS。

開啟「13.1 函數執行速度問題 - 動態函數測試 -INDEX.xlsx」。

	B	C	D	E	F	G	H	I
2	產品	1月	2月	3月		INDEX測試		
3	電冰箱	300	410	280		=INDEX(C3:E5,1,2)		
4	洗衣機	200	354	340		=INDEX((C3:C5,E3:E5),2,1,2)		
5	電視機	250	255	450		=C3:INDEX(C4:C5,1)		

- G3=INDEX(C3:E5,1,2)，去掉單引號進行 array 測試。
- G4=INDEX((C3:C5,E3:E5),2,1,2)，進行 reference 測試。
- G5=C3:INDEX(C4:C5,1)，範圍參照測試。

進行這些關檔測試之後，並不會顯示需要存檔的對話方塊，即使按 F9 之後，也不會出現存檔訊息，這就表示 INDEX 不是動態函數。這是以 365 版本測試的結果。

接下來，測試某些引數關係而產生動態函數。

開啟「13.1 函數執行速度問題 - 動態函數測試 xIF.xlsx」。

	A	B	C	D	E	F	G	H
2		縣市	產品類別	數量		xIF測試		
3		高雄市	傢俱	28		=SUMIF(D:D,">20")		
4		台北市	傢俱	13		=SUMIF(C:C,"傢俱",D1)		
5		嘉義市	辦公用品	16		=SUMIFS(D1,C:C,"傢俱")		
6		嘉義縣	電器	24		=COUNTIF(D:D,">20")		
7		南投縣	辦公用品	21		=AVERAGEIF(C:C,"傢俱",D1)		
8		基隆市	傢俱	17				

首先,用 xIF 來測試。

```
F2=SUMIF(D:D,">20")
```

一般表示法,不會形成動態函數。

```
F3=SUMIF(C:C,"傢俱",D1)
```

SUMIF 的第三引數以簡寫方式 (D:D→D1) 就會形成動態函數。

```
F5=SUMIFS(D1,C:C,"傢俱")
```

第一引數不能用簡寫,sum_range 跟 SUMIF 不同,所以產生錯誤值。

```
F6=COUNTIF(D:D,">20")
```

沒有第三引數,所以不是動態函數。

```
F7=AVERAGEIF(C:C,"傢俱",D1)
```

它跟 SUMIF 一樣,第三引數簡寫會形成動態函數。

所以當 xIF 系列的函數有第三引數參照範圍不確定時,就會形成動態函數。

再來看看 CELL 的引數。

開啟「13.1 函數執行速度問題 - 動態函數測試 CELL.xlsx」。

從測試結果可知在 365 版本當中，通通是動態函數，INFO 也是一樣，全部都是。

	A	B	C	D	E	F	G
2		縣市	產品類別	數量		CELL測試	
3		高雄市	傢俱	28		=CELL("address",B2)	
4		台北市	傢俱	13		=CELL("col",B2)	
5		嘉義市	辦公用品	16		=CELL("color",B2)	
6		嘉義縣	電器	24		=CELL("contents",B2)	
7		南投縣	辦公用品	21		=CELL("filename",B2)	
8		基隆市	傢俱	17		=CELL("format",B2)	
9						=CELL("parentheses",B2)	
10						=CELL("prefix",B2)	
11						=CELL("protect",B2)	
12						=CELL("row",B2)	
13						=CELL("type",B2)	
14						=CELL("width",B2)	

如果你發覺運算速度變慢，而且動態函數非常多的時候，你可以試著改變其他函數看看是否替代它，但有些是改不了的，如 NOW、TODAY。原則上，本書常用的函數之中，只有 OFFSET、INDIRECT 與 SUMIF 是動態函數。SUMIF 第三引數用完整範圍名稱即可解決，OFFSET 與 INIDRECT 有時可以用 INDEX 解決，但無論如何，一般狀況之下，都不會有影響。

在函數應用方面，你可以：

改變反覆運算為 1 次

因為動態函數儲存格有任何變動時，就計算一次，所以改變反覆運算來控制動態函數的計算次數。如果有需要時，再按 F9 重新計算。

Excel 有以下兩種計算模式：

● 自動計算：當儲存格變動時，就會自動計算一次。通常都是這種模式，所以動態函數就會一直計算。

● 手動模式：按 F9 才會計算一次。

因此，我們開啟 Excel 選項來啟用反覆運算（迭代或疊代運算）。

點選**檔案 → 選項 → 公式 → 計算選項**，勾選**啟用反覆運算**，最高次數填入 1。

如果儲存格公式需要循環參照時，也可設定運算 1 次。

INDEX 代替某些 OFFSET 應用

INDEX 也可以標定範圍，不是動態函數，可以取代某部分 OFFSET 功能。

開啟「13.1 函數執行速度問題 - 動態函數代替 -INDEX 與 OFFSET.xlsx」。

	A	B	C	D	E	F	G	H	I
2		1	6	11	16			Offset	INDEX
3		2	7	12	17		標定單格	18	18
4		3	8	13	18				
5		4	9	14	19		範圍合計	16	16
6		5	10	15	20				

```
H3=OFFSET(B2,2,3)
```

這是標定某個單儲存格，可以用 INDEX。

```
I3=INDEX(B2:E6,3,4)
```

這個方法也可以標定某單格。

```
H5=SUM(OFFSET(B2,,,2,2))
```

OFFSET 是標定某範圍，然後透過 SUM 加總。

```
I5 =SUM(INDEX(B2,1):INDEX(B2:E6,2,2))
```

前面提過透過 A1:INDEX 或 INDEX:INDEX 也可以標定範圍，然後透過 SUM 加總。其他還有 IF:IF 或 CHOOSE:IF…等。

其他不是動態函數的作法是：盡可能參照有值的範圍。

要計算範圍時，參照整欄或整列可能耗費記憶體，例如：SUMIF(abc!A:A,xyz!A!)。這種參照 A:A 可能延長計算時間，但 MS 宣稱 2016 版以後已經改善這個缺點，有些函數如 SUM、SUMIF 可以辨別整欄格數；而 SUMPRODUCT 則不能整欄參照。也可以用前面介紹的結構化參照，它會依照使用範圍進行動態參照。

使用新函數增加計算速度

xIFs 改善計算速度，本來是用陣列函數，如 MAX(IF)、MIN(IF)、COUNT(IF)、SUM(IF) 之類，改用 MAXIFS、MINIFS、COUNTIFS 與 SUMIFS 等。

注意參照問題

我們在 1.1 節曾經介紹計算本身的個數 COUNTIF(C3:C8,C3:C8)，在 1.12 介紹 FREQUENCY(C2:J2,C2:J2)，MATCH 也可以用這個方式來計算本身位置。COUNTIF 以這種方式計算時，可能一次需要幾百萬次比對並計算，很耗費時間與資源。我們將在下節再次說明。

使用輔助欄

使用陣列函數計算過多範圍時，計算會變慢，這時可以考慮使用輔助欄。當然輔助欄必須空下一欄或多欄，如果不方便，可以考慮輔助表，讓它成為參照資料存放地，將一些參照全部聚集一起，以便更適當地管理參照資料。

資料排序查閱較快

一些函數如 MATCH、VLOOKUP、LOOKUP 如果能排序資料的話，將會提升搜尋時間，增加計算速度。使用完全符合搜尋時，時間會比較慢，如果在排序下，使用大約符合，查閱時間會比較快。類似二進位搜尋法（Binary Search），2.3 節曾說明此查閱函數的搜尋方式。

取代函數，增加計算速度

1. 以 INDEX(MATCH) 取代 VLOOKUP。

2. 儘可能用使用 SUMPRODUCT 取代同等陣列公式。

3. SUMPRODUCT 的逗號比星號還快，如：

```
SUMPRODUCT(A1:A10000,B1:B10000)
```

   對比

```
SUMPRODUCT(A1:10000*B1:B10000)
```

   這是 MS 官網的建議，但實際狀況差異不大。

4. 如果可用新函數 xIFs 的話，它們可以取代 SUMPRODUCT。

5. DSUM 會比同等陣列公式的運算還快，但應該使用 xIFs 來取代 D 函數。

02 比較四種加總函數計算速度

SUM、SUMIFS、SUMPRODUCT 與 MMULT 這四種函數的功能各有千秋，除了單純加總以外，也可以條件式判斷後計算。本節將利用它們的特性來計算比較大的資料，並判斷它們的計算速度，以微軟的 Microtimer 函式計時測試。

開啟「13.2 4 種加總函數計算速度比 .xlsx(xlsm)」。

	B	C	D	E
2	月份：	9		
3	銷售區域	郭進	謝訊	張確三
4	新北市	3,729	1,433	2,061
5	桃園市	1,349	1,551	1,657
6	台北市	2,772	341	424
7	苗栗縣	3,686	1,296	818
8	雲林縣	2,867	1,898	1,159
9	高雄市	2,696	1,958	1,205
10	台中市	2,281	663	1,728
11	台南市	1,557	1,071	229

銷售資料表有 20700 筆銷售數字，依照銷售區域與負責業務等條件計算數量。

首先，點選 SUM 工作表的 C4。

```
SUM(❺
    ($B4=銷售資料!$G$2:$G$20701) *  ❶
    (C$3=銷售資料!$B$2:$B$20701) *  ❷
    ($C$2=MONTH(銷售資料!$A$2:$A$20701)) *  ❸
    銷售資料!$D$2:$D$20701  ❹
)
```

1. 一開始用 B4= 新北市，比對資料表的 G 欄銷售區域，正確是 TRUE，錯誤是 FALSE。

2. 然後 C3= 郭進，比對資料表的 B 欄負責業務。

3. C2= 月份，比對資料表的 A 欄日期，此日期是必須用 MONTH 擷取月份才能進行比對。

4. 前面 3 步驟會形成 T/F 的陣列，然後將這些陣列與銷售資料表的 D 欄數量相乘。

5. 最後用 SUM 加總這個陣列。

這個公式不是很困難，直接將欄位進行條件判斷，再將判斷結果相乘，乘上數量後加總，即可得到答案。

接下來，看看 SUMPRODUCT 工作表的 C4。

```
SUMPRODUCT(
    ($B4=銷售資料!$G$2:$G$20701)*
        (C$3=銷售資料!$B$2:$B$20701)*
            ($C$2=MONTH(銷售資料!$A$2:$A$20701)),
    銷售資料!$D$2:$D$20701
)
```

這個跟 SUM 幾乎一模一樣，只差最後符號是逗號 (,)，而不是星號 (*)，當然星號也可以計算，MS 認為逗號計算會比較快一點。

然後，看看 MMULT 工作表的計算方式，在 C4。

```
MMULT(
    --($B4=TRANSPOSE(銷售資料!$G$2:$G$20701)),
    (C$3=銷售資料!$B$2:$B$20701)*
        ($C$2=MONTH(銷售資料!$A$2:$A$20701))*
            銷售資料!$D$2:$D$20701
)
```

MMULT 的引數 array1 與 array2 都是必須的，array1 處理完畢之後，需要加上 2 個負號 (-) 將 T/F 轉為 1/0，MMULT 不接受 T/F。

最後，來看看 SUMIFS 工作表的 C4。

```
SUMIFS(
    銷售資料!$D$2:$D$20701,
    銷售資料!$G$2:$G$20701,
    $B4,
    銷售資料!$B$2:$B$20701,
```

```
    C$3,
    銷售資料!$H$2:$H$20701,
    $C$2
)
```

因為 SUMIFS 的 criterea_range 除了標定範圍的函數之外，不接受其他函數處理，所以必須在銷售資料工作表新增 H 欄來擷取月份。

這四種加總計算方式哪一種比較快呢？

微軟認定 SUMIFS 會比較快，所以我們可以用微軟的 VBA 內建的 Microtimer 來判斷各函數運算時間。

搜尋 Excel Microtimer 即可找到程式碼，將它放入**開發人員 → Visual Basic** 的編輯器。

回到 Excel，按 **Ctrl+F8**，顯示巨集方塊。

- FullcalcTimer 是完整計算整個活頁簿函數的所有時間。

- RecalcTimer 是完整計算後立即重新計算的時間。

- SheetTimer 是每個工作表重新計算的時間。

- RangeTimer 是依照選擇的範圍來判斷函數計算時間。

可以由上而下來計算函數的執行時間，並判斷哪個環節出現問題。

選擇 SUM 工作表的 C4:N22，然後按 **Alt-F8**，點選 **RangeTimer**。

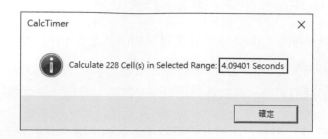

顯示此工作表的儲存格執行所花費的時間。每次執行時間都有差異，但不是很大，所以，多執行幾遍來計算平均數。接下來的工作表也是以此類推。我們可以得到各函數的執行時間，如下表：

序數	SUM	SUMPRODUCT	MMULT	SUMIFS
1	2.723	3.25	2.826	0.655
2	3.04	2.716	2.756	0.655
3	3.045	2.696	2.722	0.657
4	3.128	3.23	3.13	0.752
5	2.784	2.704	3.122	0.829
平均	2.944	2.9192	2.9112	**0.7096**

依此看來，SUMIFS 函數的平均執行時間最短，其他函數是它的 4 倍，但 SUMIFS 在日期判斷上是以 H 欄為主，其他函數還需要運算擷取月份的時間，所以將 SUM 改過來，直接參照 H 欄。得到平均時間是 2.1774 秒，是比較快，但跟 SUMIFS 比較還是差 3 倍。

另外，將 SUMPRODUCT 的引數間隔符號逗號改為星號，它的平均執行時間是 2.921 秒，兩者沒有差很多。至於使用逗號跟直接參照 H 欄的平均執行時間是 2.0638 秒，進步非常多，而星號跟直接參照 H 欄的平均執行時間則是 2.089 秒。

因此，可知 SUMIFS 的執行時間比其他加總函數快非常多，只是有時需要另外增加輔助欄。

03 陣列計算速度 —
計算各月廠商個數

以六萬筆的資料計算，看看唯一值的數量。如果你的電腦不夠快，要注意運算時間問題。以前曾經提過取得唯一值數量是用 COUNTIF，但在比較老舊的電腦上，它的計算效率會是一個問題，所以我們使用其他函數來代替這個函數。

開啟「13.3 陣列計算速度 - 計算各月廠商個數 .xlsx(xlsm)」。

	A	B	C	D	E	F	G	H	I
1	廠商編號	日期		輔助欄		結果		月份	家數
2	73868	2021/02/10		1		17531		1	4059
3	75466	2021/08/02		1				2	3699
4	28289	2021/11/01		1		17531		3	3933
5	26412	2021/03/15		1				4	3978
6	56989	2021/12/14		1		17531		5	4008
7	56988	2021/08/30		1				6	3928
8	12960	2021/09/22		1		17531		7	4074
9	51377	2021/09/17		1				8	4081
10	56988	2021/09/22		0		17531		9	4054
11	72221	2021/12/03		1				10	3961
12	62396	2021/05/13		1		17531		11	3944
13	89998	2021/09/29		1				12	4005
14	79225	2021/04/14		1		17531			

A:B 欄是廠商編號與日期，一共有六萬筆資料，想要得到唯一值的數量。

首先，點選 F2。

```
SUM(1/COUNTIF(A2:A60001,A2:A60001))
```

這個公式曾經提過，COUNTIF(A2:A60001,A2:A60001)，計算的次數 60000*60000 是 36 億次。它不是變動函數，但只要欄列有增減時，就會全部再算一次，非常耗時間。

COUNTIF 的 range 跟 criteria 都 是 A2:A60001，所 以 要 計 算 criteria=A2 的 值 在 range=A2:A60001 的個數，一共比對 6 萬次。接下來計算 A2 的值在 A2:A60001 的個數，一樣是 6 萬次，以此類推，一直到 A60001 的值在 A2:A60001 的個數。所以是 criteria 6 萬次的值計算 6 萬次。

接下來點選 F4。

```
SUM(D:D)
```

這是計算 D 欄的輔助欄。點選 D1。

```
IF(COUNTIF($A$2:A2,A2)>1,0,1)
```

COUNTIF 的 range 是 $A$2:A2，而 criteria 是 A2，所以計算一次，往下拖曳複製時，range 成為 $A$2:A3，計算兩次，一直到最一個計算 6 萬次。我們可以從梯形面積公式來計算 1-6 萬一共計算幾次。

(1+60000)*60000/2=18 億次

確實比上一個少算很多次。

接下來看看 F6 的公式。

```
COUNT(
    IF(
        FREQUENCY(A2:A60001,A2:A60001)>0,
        FREQUENCY(A2:A60001,A2:A60001)
    )
)
```

logical_test= FREQUENCY(A2:A60001,A2:A60001)>0，這個 FREQUENCY 的公式是判斷本身數字個數，而且它只顯示一次，重要的是它在計算大數據時，比 COUNTIF 快很多，例如：A 欄的廠商編號 56988 一共有 5 個相同，第一個以後都會顯示 0。COUNT 會忽略 FALSE，0 也算一次，所以要將 0 轉為 FALSE。IF 運算之後，取得以下狀況。

廠商編號		logical_test		value_if_true		結果
73868		TRUE		15		15
75466		TRUE		2		2
28289		TRUE		146		146
26412		TRUE		73		73
56989	→	TRUE	→	2	→	2
56988		**TRUE**		**5**		**5**
12960		TRUE		2		2
51377		TRUE		6		6
56988		**FALSE**		**0**		**FALSE**
72221		TRUE		3		3

logical_test 的陣列值大於 0 轉為 FALSE，再用 COUNT 計算個數，它會忽略 FALSE。其實還有一個更簡單的方法。

```
COUNT(IF(FREQUENCY(A2:A60001,A2:A60001)>0,1))
```

COUNT 是數值就計算個數，所以大於 0 轉為任何數值都可以，這個方法可以將 0 轉為 FALSE，然後計算數值的個數，廠商編號不會有負數的問題，所以負數就不考慮。

然後點選 F8。

```
COUNT(
    0/
    FREQUENCY(
        ROW(2:60001),
        MATCH($A$2:$A$60001,$A$2:$A$60001,0)
    )
)
```

MATCH 是從 lookup_value 的值判斷在 lookup_array 的位置，那麼，相同的值就會顯示相同的位置值。看看底下廠商編號 56988 有兩個是一樣，所以 FREQUENCY 的 bins_array 同樣在第 6 的位置。

data_array 是 ROW(2:60001)，它產生 6 萬筆序號，計算序號在 bins_array 的筆數。從下表可知它統計的狀況，data_array 的 2 在 bins_array 的 2 這一組，因為前面是 1，所以這組只有 2 這個數字，data_array 下面沒有 2，所以 2 這一組只有 1 筆資料。以此類推，再來看 6 對 6 這一組，bins_array 還有 1 個 6，它只能計算 1 組 6，所以結果第一個 6 的次數加總結果是 1，第 2 個 6 是 0。而 bins_array 的 8、6、10 應該是計算 6-10 這組，data_array 的 9 與 10 在這區間一共有 2 筆，至於 7 與 8 也在這區間裡，但是 bins_array 前面已經有 7 與 8 這 2 組，所以不會統計在這 6-10 組裡，data_array 的資料只能被統計一次。

FREQUENCY 的結果已經完成了，接下來以 0 去除之後，得到 COUNT 的 value1，0/0 就是錯誤值，COUNT 會忽略錯誤值，所以計算之後，去除錯誤值就是 17531。

廠商編號	data_array	bins_array	結果	value1
73868	2	1	0	#DIV/0!
75466	3	2	1	0
28289	4	3	1	0
26412	5	4	1	0
56989	6	5	1	0
56988	7	6	1	0
12960	8	7	1	0
51377	9	8	1	0
56988	10	6	0	#DIV/0!
72221	11	10	2	0

```
F10=SUM(N(FREQUENCY(A2:A60001,A2:A60001)>0))
```

這個公式跟 F6 類似，將 FREQUENCY 的結果判斷是否大於 0，然後用 N 將 T/F 轉為 1/0，最後用 SUM 加總陣列。

```
F12=COUNT(1/FREQUENCY(A2:A60001,A2:A60001))
```

公式原理類似前面一個，只是用 1 去除，遇到 0 就會產生錯誤值，然後用 COUNT 計算筆數，而 1 可以用其他數值代替。

```
F14=COUNT(UNIQUE(A2:A60001))
```

如果你是新版 Excel 的話，可以用 UNIQUE 計算，它可用來取得陣列唯一值。

接下來計算各月廠商編號的唯一值，點選 I2。

```
COUNT(
    1/
      FREQUENCY(
          IF(MONTH($B$2:$B$60001)=$H2,$A$2:$A$60001),
          IF(MONTH($B$2:$B$60001)=$H2,$A$2:$A$60001)
      )
)
```

這個與前面公式類似，只是多一個月份的判斷，用 MONTH 取得日期的月份，然後用 IF 將同月份轉為廠商編號，如果不是同月份就是 FALSE。其他運算方式就如前面公式所述。

或是：

```
COUNT(0/FREQUENCY(ROW($2:$60001),MATCH($A$2:$A$60001,$A$2:$A$60001,0) *
(MONTH($B$2:$B$60001)=$H2)))
```

新版也可以用以下寫法：

```
COUNT(UNIQUE(IF(MONTH($B$2:$B$60001)=$H2,$A$2:$A$60001)))
```

1 月份是 4059 家廠商，我們可以使用進階篩選來測試結果正確性。

將工作表 1 的資料移到工作表 2。

D2= 空白。

E2=MONTH(B2)=1，如果是公式的話，E1= 空白或其他文字，不能是標題文字，否則無法顯示。

G2=COUNT(I:I)，計算 I 欄數值筆數。

接下來點選**資料 → 排序篩選 → 進階**，顯示進階篩選對話方塊。

點選「**將篩選結果複製到其他地方**」。

資料範圍：$A$1:$B$60001。

準則範圍：$D$1:$E$2。

複製到：$I$1。

勾選**不重複的記錄**。

按**確定**之後，G2=4059 和工作表 1 的 I2 答案一樣。也可以將 E2 改成等於 2，看看答案是否一致。以此類推。

接下來測試哪一個公式比較快？

公式	第 1 次	第 2 次	第 3 次	平均	排名
F4	122.1106	136.1653	132.6129	130.2963	7
F6	0.0615	0.0696	0.0605	0.0638	5
F8	12.7331	15.2283	13.3178	13.75973	6
F10	0.0336	0.0326	0.0454	0.0372	2
F12	0.0309	0.0334	0.0416	0.0353	1
F14	0.0699	0.0546	0.0522	0.0589	4
F16	0.0346	0.0439	0.0343	0.0376	3

一樣用 Microtimer 測試，最快的是 F12 的公式：

```
COUNT(1/FREQUENCY(A2:A60001,A2:A60001))
```

其實第 1 名到第 5 名差不了多少，第 6 名在執行時也沒有很糟糕，但在測試時，竟然高出許多，第 7 名的執行時間就長很多，其實最久的是 F2，因為測試時會當機，所以用 Ctrl+Alt+Delete 的工作管理員將 Excel 關掉。

從前面公式可知 COUNTIF、FREQUENCY 與 MATCH 的運算方式，COUNTIF 在參照範圍資料比較多時，計算時間就拉很長，而其他兩個函數只是稍微差異而已。

本章探討函數的執行速度問題，由某些彙總函數、查閱與參照函數了解它們計算速度的差異。關鍵是資料的大小，資料不大，原則上不影響計算速度；而資料比較大時，發現開檔或計算花費很多時間，就需要考慮函數的選擇，當然也有可能使用太多表單控制項（如核取方塊）。

這本書是筆者從眾多提問者的問題中，分析使用者在工作上常遇到的 Excel 使用問題，加以探討並做歸納整理所撰寫而成。當然工作上關於數字的問題多如牛毛，無法一一闡述，如果有任何 Excel 問題，歡迎到筆者的 FB 社團發問。這是進階函數的應用，如果想要進一步了解，應該強化「陣列」的應用，歡迎參考我的線上課程 ─ 活用 Excel 陣列函數。

MEMO

MEMO

EXCEL 彙總與參照函數精解

作　　者：周勝輝
企劃編輯：莊吳行世
文字編輯：王雅雯
設計裝幀：張寶莉
發 行 人：廖文良

發 行 所：碁峰資訊股份有限公司
地　　址：台北市南港區三重路 66 號 7 樓之 6
電　　話：(02)2788-2408
傳　　真：(02)8192-4433
網　　站：www.gotop.com.tw
書　　號：ACI035400
版　　次：2022 年 04 月初版
建議售價：NT$480

國家圖書館出版品預行編目資料

EXCEL 彙總與參照函數精解 / 周勝輝著.-- 初版.-- 臺北市：碁
　峰資訊, 2022.04
　　面；　　公分
　ISBN 978-626-324-107-7(平裝)
　1.CST：EXCEL(電腦程式)
312.49E9　　　　　　　　　　　　　　　　111001920

讀者服務

● 感謝您購買碁峰圖書，如果您
對本書的內容或表達上有不清
楚的地方或其他建議，請至碁
峰網站：「聯絡我們」\「圖書問
題」留下您所購買之書籍及問
題。(請註明購買書籍之書號及
書名，以及問題頁數，以便能
儘快為您處理）
http://www.gotop.com.tw

● 售後服務僅限書籍本身內容，
若是軟、硬體問題，請您直接
與軟體廠商聯絡。

● 若於購買書籍後發現有破損、
缺頁、裝訂錯誤之問題，請直
接將書寄回更換，並註明您的
姓名、連絡電話及地址，將有
專人與您連絡補寄商品。